어떤 문제도 해결하는
사고력 수학 문제집

박학다식 문해력 수학

초등 5년
2단계

비아에듀
ViaEducation

사고력+문해력 융합
수학 학습 프로그램

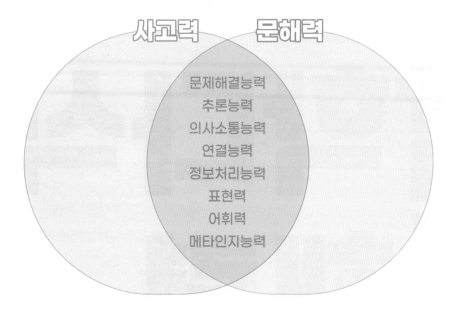

발행처 비아에듀 | 지은이 **최수일·문해력수학연구팀** | 발행인 **한상준** | 초판 1쇄 발행일 **2023년 12월 22일**
편집 김민정·강탁준·최정휴·손지원·허영범 | 기획 자문 박일(수학체험연구소장) | 삽화 김영화 | 디자인 조경규·김경희·이우현·문지현
주소 서울시 마포구 월드컵북로6길 97 | 전화 02-334-6123 | 홈페이지 viabook.kr

step **3** 개념 연결 문제 ···· 012~013쪽

1 30, 34, 40에 ○표

2 0, 4, 6, 8에 ○표

3 (1) 풀이 참조 (2) 풀이 참조

4 5, 6, 7, 8   **5** ㉠, ㉢

6 가을

step **4** 도전 문제 ···· 013쪽

7 3명   **8** 7

3 (1)

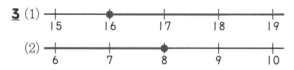

(2)

6 40 kg 이상 탈 수 없으므로, 40 kg인 가을이는 탈 수 없습니다.

7 18초 이하인 학생은 겨울, 강, 여름이가 있습니다.

8 7 이상인 자연수는 7, 8, 9……입니다. 7 이하인 자연수는 7, 6, 5……입니다. 7 이상이면서 7 이하인 수는 7뿐입니다.

step **5** 수학 문해력 기르기 ···· 015쪽

1 ②   **2** ③

3 주제   **4** ⑤

5 풀이 참조

4 12세 이상 관람가는 12세부터 볼 수 있는 영화입니다.

5

step **3** 개념 연결 문제 ···· 018~019쪽

1 6, 7, 8, 9, 10에 ○표

2 24, 28, 30, 34, 38에 ○표

3 (1) 풀이 참조 (2) 풀이 참조
(3) 풀이 참조

4 2, 6

step **4** 도전 문제 ···· 019쪽

5 소형 버스, 물탱크차, 구급차

6 봄

3 (1)

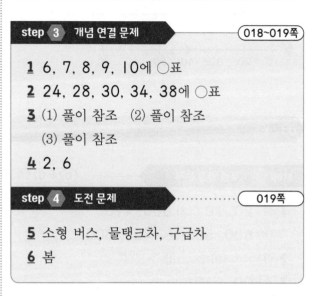

(2)

(3)

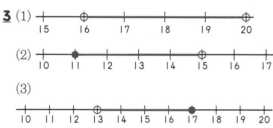

4 □ 초과인 자연수가 3이 되려면 □는 2가 되어야 합니다. △ 미만인 자연수가 5가 되려면 △는 6이 되어야 합니다.

5 차량의 높이를 m로 바꾸면 소형 버스는 2 m, 물탱크차는 3.2 m, 트럭은 3.5 m, 구급차는 3 m, 사다리차는 3.7 m입니다.

6 3등급은 10.4 초과 11.0 이하입니다. 별이와 달이는 4등급, 바다는 1등급, 산이는 2등급입니다.

step **5** 수학 문해력 기르기 ···· 021쪽

1 ②   **2** ⑤

3 풀이 참조   **4** 풀이 참조

5 풀이 참조

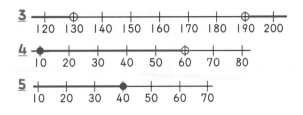

450|이 되면 올림하였을 때 4600이 되기 때문입니다. 또 올림하여 백의 자리까지 나타 내었을 때 4500이 되려면 4400보다 |은 커야 합니다. 따라서 가장 작은 수는 440| 입니다.

4 6600원짜리 물건을 |000원짜리 지폐로 구매하려면 적어도 |000원짜리 7장, 즉 7000원을 내야 합니다.

5 올림하여 백의 자리까지 나타내었을 때 600 인 수의 범위는 500 초과 600 이하입니다.

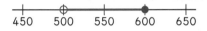

6 버림하여 십의 자리까지 나타내었을 때 2300 일 경우 천의 자리는 2, 백의 자리는 3인 수 입니다. 주어진 카드로 십의 자리와 일의 자 리를 채우면 230| 또는 23|0을 만들 수 있습니다. 230|을 버림하여 십의 자리까지 나타내면 2300이고, 23|0을 버림하여 십 의 자리까지 나타내면 23|0입니다. 따라서 조건에 맞는 네 자리 수는 230|입니다.

03 올림과 버림

step **3** 개념 연결 문제 ··········· 024~025쪽

1 (1) 20, |0 (2) 500, 490
   (3) 600, 500 (4) 400, 300
2 (1) = (2) > (3) > (4) <
3 4500, 440|
4 7000원

step **4** 도전 문제 ············· 025쪽

5 풀이 참조   **6** 230|

2 (1) |5.83을 올림하여 소수 첫째 자리까 지 나타낸 수는 |5.9이고, |5.97을 버 림하여 소수 첫째 자리까지 나타낸 수도 |5.9이므로 같습니다.

(2) |2.33을 올림하여 소수 첫째 자리까 지 나타낸 수는 |2.4이고 |2.29를 버 림하여 소수 첫째 자리까지 나타낸 수는 |2.2이므로 |2.4가 더 큽니다.

(3) |0.|을 올림하여 일의 자리까지 나타낸 수는 ||이고 |0.|을 버림하여 일의 자 리까지 나타낸 수는 |0이므로 ||이 더 큽니다.

(4) |.98|을 버림하여 소수 첫째 자리까지 나타낸 수는 |.9이고, 올림하여 소수 둘 째 자리까지 나타낸 수는 |.99이므로 |.99가 더 큽니다.

3 올림하여 백의 자리 수까지 나타낸 수가 4500이 되는 가장 큰 수는 4500입니다.

step **5** 수학 문해력 기르기 ········· 027쪽

1 ③   **2** |명
3 ⑤   **4** 2개 반
5 (○) (   )

2 신청자가 |명 이상일 경우에 반이 개설되므 로 최소 인원은 |명입니다.

4 한 반의 최대 인원이 |0명이므로 |0명을 초 과하면 새로운 반이 개설됩니다.

5 일의 자리 수에 0이 아닌 어떤 수라도 있으 면 한 반이 개설되므로 신청 인원을 올림합 니다.

step 3 개념 연결 문제   030~031쪽

1 풀이 참조   **2** 풀이 참조

3 1, 1.3, 1.28

4 (위에서부터) 200, 300, 600

5 ㉢, ㉠, ㉡

step 4 도전 문제   031쪽

6 200, 399에 ○표

7 2.66

1

| | | | | ● | | | | | | | | | | ⊕ |
10 11 12 13 14 15 16 17 18 19 20 21 22 23 24 25

2

| | ● | | | ⊕ | | | | | | | | |
130 140 150 160 170 180 190 200 210 220 230 240 250 260 270

5 ㉠ 1580   ㉡ 1500   ㉢ 1600

6 200을 일의 자리에서 반올림하면 200, 십의 자리에서 반올림하면 200입니다.
145를 일의 자리에서 반올림하면 150, 십의 자리에서 반올림하면 100입니다.
399를 일의 자리에서 반올림하면 400, 십의 자리에서 반올림하면 400입니다.
491을 일의 자리에서 반올림하면 490, 십의 자리에서 반올림하면 500입니다.

7 소수 두 자리 수이고, 소수 둘째 자리에서 반올림했을 때 2.7이면 자연수는 2, 소수 첫째 자리 수는 6 또는 7입니다. 소수 둘째 자리 수가 6이면 2.66 또는 2.76입니다. 소수 둘째 자리 수에서 반올림했을 때 2.7이 나오는 수는 2.66입니다.

step 5 수학 문해력 기르기   033쪽

1 ②   **2** 풀이 참조

3 48.555, 이상에 ○표, 48.565, 미만에 ○표

4 12 cm   **5** 4900명

2 왼쪽 저울은 소수 둘째 자리 수까지 측정한 후 반올림하여 소수 첫째 자리까지 나타내는 저울입니다.

| | | ● | | | ⊕ | | | |
52.90   53.00   53.10

3 오른쪽 저울은 소수 셋째 자리 수까지 측정한 후 반올림하여 소수 둘째 자리까지 나타내는 저울로 저울이 나타낸 수는 48.56입니다. 소수 셋째 자리에서 반올림하여 48.56이 나오는 범위를 구하면 48.555 이상 48.565 미만입니다.

4 연필의 길이는 11.7 cm입니다. 자연수로 나타내기 위해서 소수 첫째 자리에서 반올림하면 12 cm입니다.

5 반올림하여 백의 자리까지 나타내려면 십의 자리에서 반올림해야 합니다. 십의 자리 수가 1이므로 버리면 4900입니다.

05 (진분수) × (자연수)

step 3 개념 연결 문제   036~037쪽

1 (1) 풀이 참조; $\dfrac{3}{8}$ (2) 풀이 참조; $1\dfrac{1}{3}$

2 $3\dfrac{1}{5}$ **3** $\dfrac{1}{6} \times 3$, $\dfrac{1}{2} \times 1$

4 (1) (앞에서부터) 5, 3, $\dfrac{5}{3}$, $1\dfrac{2}{3}$

    (2) (앞에서부터) 1, 3, $\dfrac{5}{3}$, $1\dfrac{2}{3}$

(3) (앞에서부터) 3, 1, $\dfrac{5}{3}$, 1$\dfrac{2}{3}$

5 (1) $\dfrac{6}{7}$ (2) 4$\dfrac{1}{6}$

step **4** 도전 문제 ·········· 037쪽

6 풀이 참조   **7** 2$\dfrac{2}{3}$ cm

---

1 (1) 예

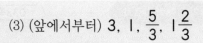

(2) 예

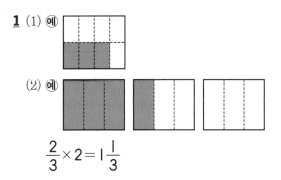

$$\dfrac{2}{3}\times 2=1\dfrac{1}{3}$$

2 $\dfrac{4}{5}\times 4=3\dfrac{1}{5}$

3 $\dfrac{1}{12}\times 6$, 즉 $\dfrac{1}{12}$이 6개인 것과 길이가 같은

것은 $\dfrac{1}{6}$이 3개인 경우와 $\dfrac{1}{2}$이 1개인 경우가

있습니다.

$\dfrac{1}{6}\times 3$, $\dfrac{1}{2}\times 1$로 나타낼 수 있습니다.

6 진분수에 자연수를 곱할 때 분자에 자연수를
곱해야 하는데, 분모에 자연수를 곱했습니다.

$$\dfrac{3}{7}\times 5=\dfrac{3\times 5}{7}=\dfrac{15}{7}=2\dfrac{1}{7}$$

7 정사각형은 네 변의 길이가 같으므로 둘레는

$\dfrac{2}{3}\times 4=\dfrac{2\times 4}{3}=\dfrac{8}{3}=2\dfrac{2}{3}$(cm)입니다.

---

step **5** 수학 문해력 기르기 ·········· 039쪽

1 ⑤   **2** 양배추

3 $\dfrac{1}{3}$개   **4** $\dfrac{1}{2}$개

5 6$\dfrac{2}{3}$개, 10개

5 해독 주스 1인분을 만드는 데 필요한 양배추

는 $\dfrac{1}{3}$개이므로 20인분을 만들 때는

$\dfrac{1}{3}\times 20=\dfrac{20}{3}=6\dfrac{2}{3}$(개)가 필요합니다.

해독 주스 1인분을 만드는 데 필요한 사과는

$\dfrac{1}{2}$개이므로 20인분을 만들 때는

$\dfrac{1}{2}\times 20=\dfrac{20}{2}=10$(개)가 필요합니다.

---

06 (대분수) × (자연수)

step **3** 개념 연결 문제 ·········· 042~043쪽

1 풀이 참조; $4\dfrac{4}{6}\left(=4\dfrac{2}{3}\right)$

2 방법 1 (위에서부터) $\dfrac{2}{5}$, $\dfrac{2}{5}$, 2, $\dfrac{4}{5}$, 2$\dfrac{4}{5}$

방법 2 (위에서부터) 7, $\dfrac{14}{5}$, 2$\dfrac{4}{5}$

3 (1) = (2) > (3) > (4) <

4 11 m²

step **4** 도전 문제 ·········· 043쪽

5 15$\dfrac{6}{8}\left(=15\dfrac{3}{4}\right)$ cm

6 풀이 참조

1
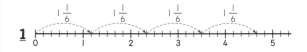

$$1\frac{1}{6}\times 4=4\frac{4}{6}\left(=4\frac{2}{3}\right)$$

3 (1) $1\frac{5}{9}\times 3=\frac{14}{\overset{3}{\cancel{9}}}\times\overset{1}{\cancel{3}}=\frac{14}{3}=4\frac{2}{3}$,

$$2\frac{1}{3}\times 2=\frac{7}{3}\times 2=\frac{14}{3}=4\frac{2}{3}$$

(2) $3\frac{3}{4}\times 2=\frac{15}{\overset{}{\underset{2}{\cancel{4}}}}\times\overset{1}{\cancel{2}}=\frac{15}{2}=7\frac{1}{2}$,

$$2\frac{1}{2}\times 2=\frac{5}{\underset{1}{\cancel{2}}}\times\overset{1}{\cancel{2}}=5$$

(3) $4\frac{7}{10}\times 5=(4\times 5)+\left(\frac{7}{10}\times 5\right)$

$$=20+\frac{35}{10}=23\frac{5}{10},$$

$$6\frac{4}{5}\times 3=(6\times 3)+\left(\frac{4}{5}\times 3\right)$$

$$=18+\frac{12}{5}=18+2\frac{2}{5}$$

$$=20\frac{2}{5}$$

(4) $3\frac{6}{7}\times 5=(3\times 5)+\left(\frac{6}{7}\times 5\right)$

$$=15+\frac{30}{7}=15+4\frac{2}{7}$$

$$=19\frac{2}{7},$$

$$10\frac{4}{21}\times 2=(10\times 2)+\left(\frac{4}{21}\times 2\right)$$

$$=20+\frac{8}{21}=20\frac{8}{21}$$

4 직사각형의 넓이는 (가로)×(세로)이므로

$$2\frac{3}{4}\times 4=(2\times 4)+\left(\frac{3}{4}\times 4\right)$$

$$=8+\frac{\overset{3}{\cancel{12}}}{\underset{1}{\cancel{4}}}=8+3=11(\text{m}^2)\text{입니다.}$$

5 정육각형은 길이가 같은 변 6개로 이루어져 있습니다.

$$2\frac{5}{8}\times 6=(2\times 6)+\left(\frac{5}{8}\times 6\right)$$

$$=12+\frac{30}{8}=12+3\frac{6}{8}$$

$$=15\frac{6}{8}\left(=15\frac{3}{4}\right)(\text{cm})\text{입니다.}$$

6 대분수의 자연수 부분을 생각하지 않고 약분을 했습니다.

$$4\frac{3}{5}\times 10=(4\times 10)+\left(\frac{3}{5}\times 10\right)$$

$$=40+\frac{\overset{6}{\cancel{30}}}{\underset{1}{\cancel{5}}}=40+6=46$$

step 5 수학 문해력 기르기　045쪽

1 ②

2 ⓒ, ⓛ, ⓙ

3 (식) $1\frac{1}{2}\times 10=15$ (답) 15스푼

4 (식) $1\frac{1}{2}\times 50=75$ (답) 75스푼

3 된장찌개 1인분을 끓일 때 필요한 쌈장은 $1\frac{1}{2}$스푼이므로 10인분을 끓일 때 필요한 쌈장은

$$1\frac{1}{2}\times 10=(1\times 10)+\left(\frac{1}{2}\times 10\right)$$

$$=10+\frac{\overset{5}{\cancel{10}}}{\underset{1}{\cancel{2}}}=10+5=15(\text{스푼})$$

입니다.

4 된장찌개 1인분을 끓일 때 필요한 고춧가루는 $1\frac{1}{2}$스푼이므로 50인분을 끓일 때 필요한 고춧가루는

$$1\frac{1}{2}\times 50=\frac{3}{2}\times 50=\frac{\overset{75}{\cancel{150}}}{\underset{1}{\cancel{2}}}=75(\text{스푼})$$

입니다.

step 3 개념 연결 문제 048~049쪽

1 (1) 풀이 참조; 4 (2) 풀이 참조; 8

2 (1) (앞에서부터) 3, 3, 5, $3\frac{3}{5}$

 (2) (앞에서부터) 6, 3, 6, 5, $\frac{18}{5}$, $3\frac{3}{5}$

3 (1) < (2) < (3) < (4) >

4 (○) (○) ( ) ( ) ( )

5 (1) 6 (2) $3\frac{6}{7}$ (3) 40 (4) $21\frac{1}{2}$

step 4 도전 문제 049쪽

6 $5\frac{1}{4}$ m²   **7** 40분

1 (1)

 (2)

3 어떤 수에 1보다 작은 수를 곱하면 결과는 어떤 수보다 작아집니다.

4 $3 \times 1\frac{1}{2} = 4\frac{1}{2}$, $2 \times 2\frac{1}{4} = 4\frac{2}{4}$, $4 \times \frac{1}{5} = \frac{4}{5}$,

 $5 \times \frac{2}{3} = 3\frac{1}{3}$, $2 \times 1\frac{4}{5} = 3\frac{3}{5}$

5 (1) $10 \times \frac{3}{5} = \frac{30}{5} = 6$

 (2) $3 \times 1\frac{2}{7} = (3 \times 1) + \left(3 \times \frac{2}{7}\right)$

 $= 3 + \frac{6}{7} = 3\frac{6}{7}$

 (3) $15 \times 2\frac{2}{3} = \overset{5}{\cancel{15}} \times \frac{8}{\underset{1}{\cancel{3}}} = 40$

 (4) $7 \times 3\frac{1}{14} = \overset{1}{\cancel{7}} \times \frac{43}{\underset{2}{\cancel{14}}} = \frac{43}{2} = 21\frac{1}{2}$

6 직사각형의 넓이는 (가로)×(세로)이므로 액

자의 넓이는

$3 \times 1\frac{3}{4} = 3 \times \frac{7}{4} = \frac{21}{4} = 5\frac{1}{4}$(m²)입니다.

7 2시간은 120분이고 수학은 전체 공부한 시간의 $\frac{1}{3}$만큼 공부했으므로

$\overset{40}{\cancel{120}} \times \frac{1}{\underset{1}{\cancel{3}}} = 40$(분) 동안 공부했습니다.

step 5 수학 문해력 기르기 051쪽

1 ③   **2** ㉡

3 ㉡, ㉣   **4** 4 cm, 3 cm

4 길이를 줄인 가로의 길이는 $\overset{4}{\cancel{8}} \times \frac{1}{\underset{1}{\cancel{2}}} = 4$(cm)입니다.

 길이를 줄인 세로의 길이는 $\overset{3}{\cancel{6}} \times \frac{1}{\underset{1}{\cancel{2}}} = 3$(cm)입니다.

step 3 개념 연결 문제 054~055쪽

1 (앞에서부터) 6, 4, 24

2 (1) $\frac{1}{28}$ (2) $\frac{2}{11}$

 (3) $\frac{40}{30}\left(=1\frac{1}{3}\right)$ (4) $\frac{35}{8}\left(=4\frac{3}{8}\right)$

3 (1) < (2) > (3) < (4) =

4 $\frac{27}{7}\left(=3\frac{6}{7}\right)$ cm²

5 $\frac{3}{28}$

6 식 $\dfrac{1}{6}\times\dfrac{3}{8}$ 또는 $\dfrac{1}{8}\times\dfrac{3}{6}$ 답 $\dfrac{1}{16}$

7 1, 2, 3, 4

---

2 (1) $\dfrac{1}{4}\times\dfrac{1}{7}=\dfrac{1}{28}$

(2) $\dfrac{1}{3}\times\dfrac{6}{11}=\dfrac{\overset{2}{\cancel{6}}}{\underset{11}{\cancel{33}}}=\dfrac{2}{11}$

(3) $1\dfrac{3}{5}\times\dfrac{5}{6}=\dfrac{8}{5}\times\dfrac{5}{6}=\dfrac{\overset{4}{\cancel{40}}}{\underset{3}{\cancel{30}}}=1\dfrac{1}{3}$

(4) $1\dfrac{2}{3}\times2\dfrac{5}{8}=\dfrac{5}{\underset{1}{\cancel{3}}}\times\dfrac{\overset{7}{\cancel{21}}}{8}=\dfrac{35}{8}\left(=4\dfrac{3}{8}\right)$

3 (1) $\dfrac{5}{12}\times1\dfrac{3}{4}=\dfrac{5}{12}\times\dfrac{7}{4}=\dfrac{35}{48}$,

$1\dfrac{3}{7}\times1\dfrac{5}{9}=\dfrac{10}{\underset{1}{\cancel{7}}}\times\dfrac{\overset{2}{\cancel{14}}}{9}=\dfrac{20}{9}=2\dfrac{2}{9}$

(2) $\dfrac{\overset{1}{\cancel{3}}}{\underset{2}{\cancel{4}}}\times\dfrac{\overset{1}{\cancel{2}}}{\underset{3}{\cancel{9}}}=\dfrac{1}{6}$, $\dfrac{\overset{1}{\cancel{6}}}{7}\times\dfrac{\overset{1}{\cancel{3}}}{\underset{3}{\cancel{18}}}=\dfrac{1}{7}$

(3) $\dfrac{2}{3}\times1\dfrac{9}{10}=\dfrac{\overset{1}{\cancel{2}}}{3}\times\dfrac{19}{\underset{5}{\cancel{10}}}=\dfrac{19}{15}$,

$1\dfrac{3}{5}\times1\dfrac{1}{2}=\dfrac{8}{5}\times\dfrac{3}{\underset{1}{\cancel{2}}}\overset{4}{}=\dfrac{12}{5}=\dfrac{36}{15}$

(4) $\dfrac{6}{13}\times1\dfrac{5}{8}=\dfrac{\overset{3}{\cancel{6}}}{\underset{1}{\cancel{13}}}\times\dfrac{\overset{1}{\cancel{13}}}{\underset{4}{\cancel{8}}}=\dfrac{3}{4}$,

$\dfrac{1}{4}\times3=\dfrac{3}{4}$

4 직사각형의 넓이는 (가로)×(세로)입니다.

$1\dfrac{4}{5}\times2\dfrac{1}{7}=\dfrac{9}{\underset{1}{\cancel{5}}}\times\dfrac{\overset{3}{\cancel{15}}}{7}=\dfrac{27}{7}=3\dfrac{6}{7}(\text{cm}^2)$

---

5 어제는 전체의 $\dfrac{3}{4}$ 만큼, 오늘은 어제의 $\dfrac{1}{7}$ 만큼이므로 오늘 수확한 양은 전체의

$\dfrac{3}{4}\times\dfrac{1}{7}=\dfrac{3}{28}$ 입니다.

6 $\dfrac{1}{\square}\times\dfrac{3}{\square}=\dfrac{1\times3}{\square\times\square}$ 이므로 결과 값이 가장 작기 위해서는 2, 3, 6, 8 중 큰 두 수 6과 8이 빈칸에 들어가야 합니다.

따라서 $\dfrac{1}{\underset{2}{\cancel{6}}}\times\dfrac{\overset{1}{\cancel{3}}}{8}=\dfrac{1}{16}$ 또는 $\dfrac{1}{8}\times\dfrac{\overset{1}{\cancel{3}}}{\underset{2}{\cancel{6}}}=\dfrac{1}{16}$ 입니다.

7 $\dfrac{1}{4}\times\dfrac{1}{5}=\dfrac{1}{20}$ 이므로 빈칸에 들어갈 수는 5보다 작은 자연수입니다.

---

1 $\dfrac{1}{3}$ **2** ㉠, ㉡, ㉢

3 식 $\dfrac{1}{3}\times\dfrac{5}{7}=\dfrac{5}{21}$ 답 $\dfrac{5}{21}$

4 식 $\dfrac{1}{3}\times\dfrac{6}{7}=\dfrac{\overset{2}{\cancel{6}}}{\underset{7}{\cancel{21}}}=\dfrac{2}{7}$ 답 $\dfrac{2}{7}$

5 식 $\dfrac{1}{3}\times\dfrac{10}{7}=\dfrac{10}{21}$ 답 $\dfrac{10}{21}$

---

3 첫째 돼지는 밭 전체의 $\dfrac{1}{3}$ 을 받고 그중 $\dfrac{2}{7}$ 를 주었으므로 남은 밭은 전체의 $\dfrac{1}{3}$ 의 $\dfrac{5}{7}$ 입니다.

4 둘째 돼지는 밭 전체의 $\dfrac{1}{3}$ 을 받고 그중 $\dfrac{1}{7}$ 을 주었으므로 남은 밭은 전체의 $\dfrac{1}{3}$ 의 $\dfrac{6}{7}$ 입니다.

5 셋째 돼지는 밭 전체의 $\frac{1}{3}$을 받고, $\frac{1}{3}$의 $\frac{2}{7}$와 $\frac{1}{7}$을 더 받았으므로 전체의 $\frac{1}{3}$의 $\frac{10}{7}$입니다.

09 도형의 합동

step 3 개념 연결 문제   060~061쪽

1 풀이 참조   **2** 가와 라, 다와 마
3 나, 다
4 (1) 풀이 참조   (2) 풀이 참조
5 (1) 풀이 참조   (2) 풀이 참조

step 4 도전 문제   061쪽

6 (1) 풀이 참조   (2) 풀이 참조

1

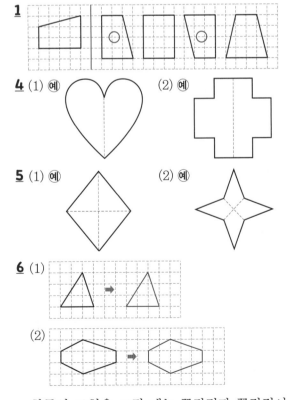

4 (1) 〈예〉   (2) 〈예〉

5 (1) 〈예〉   (2) 〈예〉

6 (1)

(2)

합동인 도형을 그릴 때는 꼭짓점과 꼭짓점이

어느 방향으로 몇 칸 이동했는지 생각하며 그립니다.

step 5 수학 문해력 기르기   063쪽

1 ②   **2** ㉡
3 6종류   **4** 풀이 참조

3 합동은 모양과 크기가 같아서 포개었을 때 완전히 겹쳐지는 도형으로 색은 관계가 없습니다. 따라서 모두 6가지입니다.

4

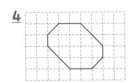

10 합동인 도형의 성질

step 3 개념 연결 문제   066~067쪽

1 풀이 참조; 3쌍   **2** 각 ㅈㅊㅋ
3 79°   **4** 4 cm

step 4 도전 문제   067쪽

5 150°   **6** 30°

1

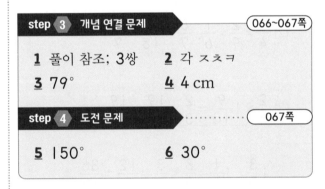

3 각 ㅁㄹㅂ는 각 ㄷㄴㄱ의 대응각이므로 79°입니다.
4 변 ㅁㅇ의 대응변은 변 ㄷㄹ이므로 4 cm입니다.
6 각 ㅁㄹㅂ은 각 ㄷㄱㄴ의 대응각입니다.

각 ㄷㄱㄴ은 삼각형 세 각의 합 180°에서 나머지 두 각의 크기를 빼면 구할 수 있습니다. 따라서 180°−90°−60°=30°입니다.

step **5** 수학 문해력 기르기 069쪽

1 ㉡

2 ③, ⑤

3 풀이 참조

4 3종류

3

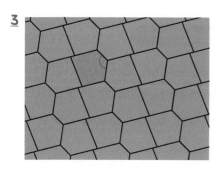

4 정삼각형, 정사각형, 정육각형 모두 3종류가 있습니다.

11 선대칭도형

step **3** 개념 연결 문제 072~073쪽

1 나, 다, 마; 풀이 참조

2 (1) ㄷ (2) ㅅㅇ (3) ㅂㅁㄹ

3 풀이 참조

4 풀이 참조

step **4** 도전 문제 073쪽

5 풀이 참조

6 (위에서부터) 60, 4, 9

1

3

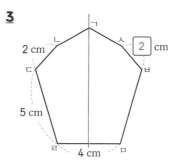

4

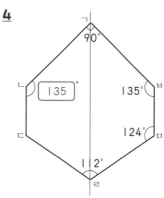

5

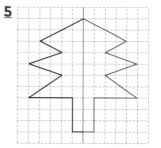

step **5** 수학 문해력 기르기 075쪽

1 ②

2 ㉡

3 풀이 참조

4 풀이 참조

3

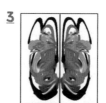

4

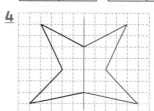

1 ㄹ, ㅁ, ㅇ 　　**2** 풀이 참조

3 (1) ㅅ　(2) ㅁ ㅂ　(3) ㅈ ㄱ ㄴ

4 풀이 참조

5 46 cm 　　**6** 나, 다

2

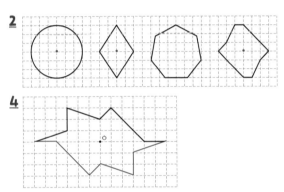

4

5 점대칭도형의 대응변끼리의 길이는 같으므로
$(8+4+5+6)×2=46$(cm)입니다.

6 도형 가, 나, 다, 라는 모두 선대칭도형이고,
점대칭도형은 나, 다입니다.

1 ③　　　　　**2** 7종류

3 풀이 참조　**4** 풀이 참조

3

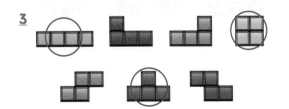

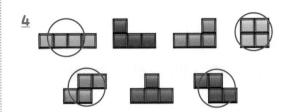

4

1 (1) (앞에서부터) 0.6, 0.6, 0.6, 2.4

　　(2) (앞에서부터) 6, 6, 4, 24, 2.4

　　(3) (위에서부터) 6, 6, 4, 24, 2.4

2 (1) 2.1　(2) 7.5

3 (1) (앞에서부터) 6, 6, 18, 1.8

　　(2) (앞에서부터) 14, 14, 28, 0.28

4 (1) 4.2　(2) 2　(3) 7.2　(4) 15

5 (1) <　(2) >　(3) >　(4) >

6 ㉠, ㉣

7 10시간 30분　　**8** 3.75달러

5 (1) $0.86×7=6.02$, $1.3×5=6.5$

　(2) $1.45×6=8.7$, $2.4×3=7.2$

　(3) $0.53×5=2.65$, $0.3×8=2.4$

　(4) $3.7×3=11.1$, $4.9×2=9.8$

6 ㉠ $0.9×4=3.6$　㉡ $1.2×2=2.4$

　㉢ $0.5×4=2$　㉣ $2.6×2=5.2$

7 1.5시간씩 일주일 동안이므로 책을 읽은 시
간은 $1.5×7=10.5$(시간)입니다.
10.5시간은 10시간 30분입니다.

8 5000원은 1000원의 5배이므로
$0.75×5=3.75$(달러)입니다.

1 ②

2 (식) $1155.98 \times 10 = 11559.8$

(답) 11559.8원

3 (식) $1301.10 \times 5 = 6505.5$

(답) 6505.5원

4 (식) $177.06 \times 70 = 12394.2$

(답) 12394.2원

---

14 (자연수) × (소수)

1 풀이 참조

2 (1) 10.5 (2) 0.9

3 (1) 2.2 (2) 5.4 (3) 18.7 (4) 13

4 ⓛ, ㉠, ㉢, ㉣

5 ㉠, ㉢

6 (예) 2.54는 254의 $\frac{1}{100}$배이므로

16×254를 계산한 결과의 $\frac{1}{100}$배야.

7 1040원

---

1 (방법 1) $6 \times 0.7 = 6 \times \frac{7}{10} = \frac{42}{10}$

$= 4\frac{2}{10} = 4.2$

(방법 2) $6 \times 7 = 42$

6×0.7은 6×7의 $\frac{1}{10}$배 → 4.2

---

2 (1) 3×3.5는 3×35의 $\frac{1}{10}$배이므로 105

의 $\frac{1}{10}$배인 10.5입니다.

(2) 2×0.45는 2×45의 $\frac{1}{100}$배이므로

90의 $\frac{1}{100}$배인 0.9입니다.

4 ㉠ $4 \times 3.7 = 14.8$

㉡ $12 \times 1.4 = 16.8$

㉢ $15 \times 0.7 = 10.5$

㉣ $10 \times 0.78 = 7.8$

5 ㉠ $4 \times 1.5 = 6$

㉡ $2 \times 2.1 = 4.2$

㉢ $3 \times 2.24 = 6.72$

㉣ $5 \times 0.9 = 4.5$

7 800원의 1.3배를 구하면

$800 \times 1.3 = 1040$(원)입니다.

1 ④

2 >

3 지구의 북극점 근처에 ○표

4 (식) $45 \times 0.16 = 7.2$ (답) 7.2 kg

5 (식) $38 \times 0.25 = 9.5$ (답) 9.5 kg

4 달의 중력의 크기는 지구의 0.16배입니다.

5 지구에서 6400 km 떨어진 곳에서는 지구
의 중력이 0.25로 작아집니다.

step 3 개념 연결 문제   096~097쪽

1 (1) $0.7 \times 0.4 = \dfrac{7}{10} \times \dfrac{4}{10} = \dfrac{28}{100}$
$= 0.28$

(2) $1.2 \times 1.7 = \dfrac{12}{10} \times \dfrac{17}{10} = \dfrac{204}{100}$
$= 2.04$

2 (1) 30.75 (2) 3.075
(3) 13.14 (4) 1314

3 (1) 0.32 (2) 0.45 (3) 0.7 (4) 3.68
(5) 0.069 (6) 105.062

4 41.310

5 (1) < (2) > (3) = (4) >

step 4 도전 문제   097쪽

6 1.14 m²   **7** 0.144

2 (1) 4.1×7.5는 41×75의 $\dfrac{1}{100}$배이므로

3075의 $\dfrac{1}{100}$배인 30.75입니다.

(2) 0.41×7.5는 41×75의 $\dfrac{1}{1000}$배이므

로 3075의 $\dfrac{1}{1000}$배인 3.075입니다.

(3) 5.84×2.25는 584×225의

$\dfrac{1}{10000}$배이므로 131400의

$\dfrac{1}{10000}$배인 13.14입니다.

(4) 58.4×22.5는 584×225의 $\dfrac{1}{100}$배

이므로 131400의 $\dfrac{1}{100}$배인 1314입

니다.

5 (1) 어떤 수에 1보다 작은 수를 곱하면 어떤
수보다 작아집니다.

(2) 어떤 수에 1보다 큰 수를 곱하면 어떤 수
보다 커집니다.

(3) $0.6 \times 0.8 = 0.48$, $1.2 \times 0.4 = 0.48$

(4) $0.2 \times 0.9 = 0.18$

6 직사각형의 넓이는 (가로)×(세로)이므로
$1.9 \times 0.6 = 1.14(m^2)$입니다.

7 가장 큰 수는 1.2 가장 작은 수는 0.12이므
로 두 수의 곱은 0.144입니다.

step 5 수학 문해력 기르기   099쪽

1 ③   **2** 마일

3 식 $24.5 \times 2.5 = 61.25$
답 약 61.25 cm

4 식 $120 \times 0.914 = 109.68$
답 약 109.68 m

5 식 $0.75 \times 1.6 = 1.2$ 답 약 1.2 km

3 1인치는 약 2.5 cm이므로
$24.5 \times 2.5 = 61.25(cm)$입니다.

4 1야드는 약 91.4 cm이고 91.4 cm는
0.914 m입니다.
120×0.914는 12×914의 0.01배입니
다.

5 $\dfrac{3}{4}$은 0.75이고, 1마일은 약 1.6 km이므로

$\dfrac{3}{4} \times 1.6 = 0.75 \times 1.6 = 1.2(km)$입니다.

16 직육면체와 정육면체

step 3 개념 연결 문제　102~103쪽

1 (위에서부터) 꼭짓점, 면, 모서리

2 가, 라　　　**3** 겨울

4 19

step 4 도전 문제　103쪽

5 여름　　　　**6** 60 cm

3 정육면체와 직육면체의 꼭짓점은 8개로 같습니다.

4 정육면체에서 보이는 면은 3개, 보이는 모서리는 9개, 보이는 꼭짓점의 수는 7개입니다.

5 주어진 도형은 여섯 면이 직사각형이 아니기 때문에 직육면체가 아닙니다. 두 면이 정사각형인 것은 직육면체가 아닌 이유가 될 수 없습니다.

6 정육면체의 모서리의 수는 12개로 모든 모서리의 길이가 같습니다.
따라서 5×12=60(cm)입니다.

step 5 수학 문해력 기르기　105쪽

1 ②　　　　　　　**2** ④

3 직육면체에 ○표　　**4** ㉡

5 2 m, 6 m

5 직육면체 보를 만들기 위해서는 두 쌍의 변의 길이가 같아야 합니다. 따라서 긴 두 막대 중 더 짧은 5 m에 맞추면 6 m에서 1 m만큼 잘려 나갑니다. 또 짧은 두 막대 중 더 짧은 3 m에 맞추면 4 m에서 1 m만큼 잘려 나갑니다. 직육면체 보를 만들기 위해서는 2 m만큼 잘려 나갑니다.

정육면체 보를 만들기 위해서는 네 쌍의 변의 길이가 같아야 합니다. 따라서 가장 짧은 3 m에 맞추면 4 m에서 1 m만큼, 5 m에서 2 m만큼, 6 m에서 3 m만큼 잘려 나가므로 모두 6 m가 잘려 나갑니다.

17 직육면체의 성질

step 3 개념 연결 문제　108~109쪽

1 4개

2 (1) 풀이 참조　(2) 풀이 참조

3 면 ㄴㅂㅁㄱ

4 면 ㄱㅁㅂㄴ, 면 ㄴㅂㅅㄷ, 면 ㄷㅅㅇㄹ, 면 ㄱㅁㅇㄹ

step 4 도전 문제　109쪽

5 면 ㄱㄴㄷㄹ, 면 ㄱㄴㅂㅁ, 면 ㄱㄹㅇㅁ

6 20 cm

2 (1)　　　　　　(2)
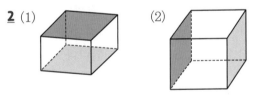

4 색칠한 면은 면 ㅁㅂㅅㅇ입니다. 밑면과 수직인 면을 찾아서 쓰면 됩니다.

6 면 ㄱㄴㄷㄹ과 평행한 면은 면 ㅁㅂㅅㅇ입니다. 평행한 모서리는 길이가 같으므로 7+3+7+3=20(cm)입니다.

step 5 수학 문해력 기르기　111쪽

1 6개　　　　　　**2** 3쌍

3 ㉡, ㉢, ㉠　　　**4** 4개

5 3개

13

4 정육면체에서 한 면에 수직인 면은 모두 4개입니다.

5 한 꼭짓점에 모이는 면은 3개입니다.

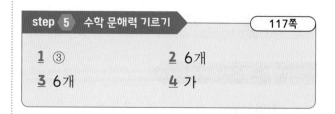

step 5 수학 문해력 기르기　　117쪽

1 ③　　　　　　**2** 6개

3 6개　　　　　　**4** 가

4 들이란 그릇 안쪽의 공간의 크기를 말하므로 들이가 더 큰 도형은 가입니다.

18 직육면체의 겨냥도

step 3 개념 연결 문제　　114~115쪽

1 가　　　　　　**2** 다
3 6　　　　　　**4** 풀이 참조

step 4 도전 문제　　115쪽

5 74 cm²　　　**6** 풀이 참조

1 보이는 면의 개수는 다음과 같습니다.
　가: 3개, 나: 2개, 다: 2개, 라: 1개,
　마: 1개, 바: 1개

2 겨냥도에서 보이는 모서리는 실선, 보이지 않는 모서리는 점선으로 표현합니다.

3 보이지 않는 면은 3개, 보이지 않는 모서리는 3개이므로 3+3=6(개)입니다.

4
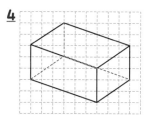

5 보이지 않는 면의 넓이는 보이는 면과 평행하고 넓이가 같으므로
　$(5\times4)+(6\times4)+(5\times6)$
　$=20+24+30=74(\text{cm}^2)$입니다.

6
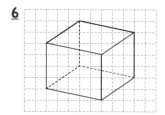

19 정육면체의 전개도

step 3 개념 연결 문제　　120~121쪽

1 풀이 참조　　　**2** 풀이 참조
3 나, 라　　　　　**4** 풀이 참조

step 4 도전 문제　　121쪽

5 풀이 참조　　　**6** 풀이 참조

1
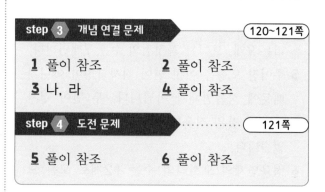

2
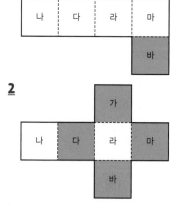

3 나: 두 면이 겹쳐 정육면체의 전개도를 만들수 없습니다.
　라: 면의 수가 7개입니다.

4

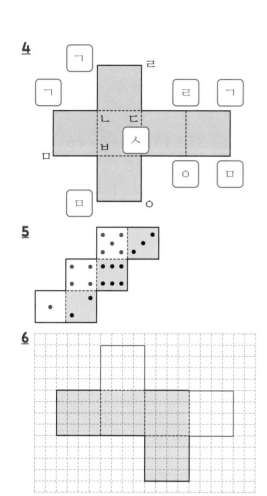

5

6

3

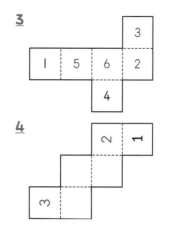

4

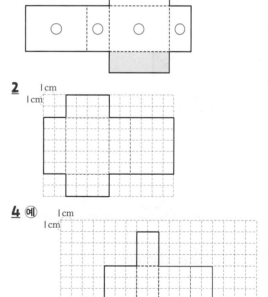

20 직육면체의 전개도

step **3** 개념 연결 문제	126~127쪽

1 풀이 참조　　**2** 풀이 참조
3 다　　**4** 풀이 참조

step **4** 도전 문제	127쪽

5 풀이 참조　　**6** 풀이 참조

1

2
1 cm
1 cm

4 예
1 cm
1 cm

step **5** 수학 문해력 기르기	123쪽

1 ③　　　　　　**2** 풀이 참조
3 풀이 참조　　**4** 풀이 참조

2

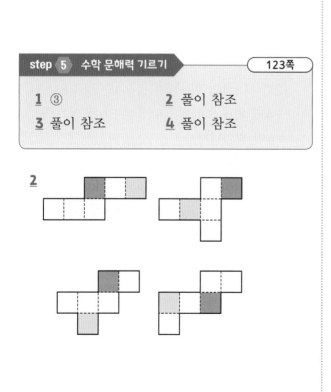

5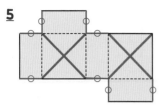

○표 한 부분도 색 테이프를 붙인 곳입니다.

6 예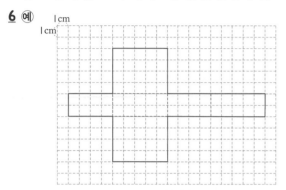

<table>
<tr><td>step 5</td><td>수학 문해력 기르기</td><td>129쪽</td></tr>
</table>

1 ②　　　　　　　　**2** 풀이 참조

3 다　　　　　　　　**4** ㉡

2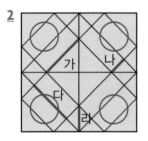

21 평균

<table>
<tr><td>step 3</td><td>개념 연결 문제</td><td>132~133쪽</td></tr>
</table>

1 16　　　　　　　　**2** >

3 7, 15　　　　　　　**4** 겨울

5 (○)（　）

<table>
<tr><td>step 4</td><td>도전 문제</td><td>133쪽</td></tr>
</table>

6 ㉡　　　　　　　　**7** 봄에 ○표

1 (10+14+35+17+4)÷5=16

2 (11+18+16)÷3=15,
　(19+4+16+9+17)÷5=13

3 월요일부터 일요일까지는 7일이므로 7로 나
　누어야 합니다. 105÷7=15

6 2월부터 6월까지 5개월이므로 전체 자료의
　합을 5로 나눕니다.

7 어떤 날은 10권보다 많이 읽고 어떤 날은 10
　권보다 적게 읽은 날이 있을 수도 있습니다.
　10권보다 적게 읽은 날이 없다면 평균이 10
　권이 될 수 없습니다.

<table>
<tr><td>step 5</td><td>수학 문해력 기르기</td><td>135쪽</td></tr>
</table>

1 ②, ③, ④　　　　　**2** 최빈값에 ○표

3 4만 원　　　　　　　**4** 44 kg

3 평균을 구하면
　(2만 원+1만 원+4만 원+4만 원+8만 원
　+4만 원+3만 원+4만 원+6만 원)÷9
　=4만 원입니다.

4 평균을 구하면
　(43 kg+45 kg+48 kg+41 kg+43 kg
　+47 kg+41 kg+40 kg+45 kg
　+47 kg)÷10=44(kg)입니다.

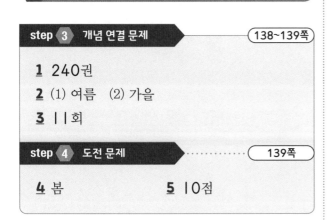

step 3 개념 연결 문제 ⟨138~139쪽⟩

1 240권

2 (1) 여름 (2) 가을

3 11회

step 4 도전 문제 ⟨139쪽⟩

4 봄 **5** 10점

1 1년은 12개월이고 매달 평균 20권을 읽었으므로 20×12=240(권)입니다.

2 (1) 가을이는 하루에 평균 4.6권, 여름이는 하루에 평균 9권의 책을 읽었습니다.

　(2) 가을이보다 여름이의 그래프에서 평균과의 차이가 더 많으므로 더 고르게 책을 읽은 사람은 가을이입니다.

3 겨울이가 일주일 동안 평균 30회의 줄넘기를 했으므로 7일 동안 210회의 줄넘기를 했습니다.

　따라서
　210－(25+30+37+40+22+45)
　=11(회)입니다.

4 이번 주 낮 최고 기온의 평균이 22도이므로 22도보다 높고 낮은 날이 있을 수 있습니다.

5 일본 선수의 점수 평균은
　(8+6+10)÷3=8(점)입니다.
　미국 선수는 1회에서 평균 8점보다 1점 이적으므로 3회에서 9점을 기록하면 동점입니다. 일본 선수를 이기려면 10점 이상을 기록해야 합니다.

step 5 수학 문해력 기르기 ⟨141쪽⟩

1 ④ **2** ⑤

3 서귀포에 ○표 **4** 서울에 ○표

5 75 mm

3 서귀포와 중강진의 강수량 그래프에서 서귀포의 자료값이 전반적으로 더 크므로 평균 강수량이 더 많은 곳은 서귀포입니다.

4 평균과의 차이가 많을수록 그래프 자료의 값간의 차이가 큽니다.

5 (10+20+100+40+90+60+150
　+250+80+60+40+0)÷12=75

step 3 개념 연결 문제 ⟨144~145쪽⟩

1 풀이 참조 **2** 풀이 참조

3 (위에서부터) 1, $\dfrac{1}{2}$, 0

step 4 도전 문제 ⟨145쪽⟩

4 10, 0 **5** 풀이 참조

1

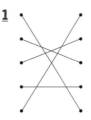

2

3 사건이 일어날 가능성이 확실할 때 1로 표현합니다. 사건이 일어날 가능성이 반반일 때 $\dfrac{1}{2}$로 표현합니다. 사건이 일어날 가능성이

전혀 없을 때 0으로 표현합니다.

4 당첨 제비를 뽑을 가능성을 1로 표현하려면 어떤 제비를 뽑아도 당첨되어야 합니다. 따라서 제비 10개를 모두 당첨 제비로 넣어야 합니다.

5 예

---

step **5** 수학 문해력 기르기   **147쪽**

1 $\dfrac{1}{2}$, $\dfrac{1}{2}$ **2** 풀이 참조

3 0   **4** 1

5 ㉡

2 동전을 던졌을 때 앞면 또는 뒷면만 나올 수 있습니다.

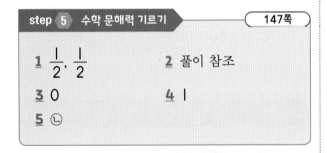

3 주사위에는 0이 없으므로 불가능합니다.

4 10개의 제비 중 당첨 제비가 10개라면 확실하게 당첨입니다. 수로 나타내면 1입니다.

문해력이 수학 실력을 좌우합니다

　지능 검사는 5개 영역에서 이루어집니다. 어휘적용, 언어추리, 산수추리, 수열추리, 도형추리입니다. 이 중에서 수학 실력과 가장 밀접한 상관관계를 갖는 영역은 무엇일까요? 많은 연구 결과, 수학과 직접적인 관계가 있는 산수추리나 수열추리, 도형추리보다 어휘적용과 언어추리가 수학 실력과의 상관관계가 더 높은 것으로 나타났습니다. '어휘적용'과 '언어추리'가 무엇일까요? 바로 문해력입니다. 문해력이 수학 실력을 좌우합니다.

　문해력은 무엇일까요? 문해력은 글을 읽고 의미를 파악하고 이해하는 능력뿐만 아니라 중요한 정보나 사실을 찾고 연결하는 능력이며, 실생활에서 맞닥뜨리는 상황을 이해하고 해결하는 능력입니다. 이는 수학에서 요구하는 역량과도 맞닿아 있습니다. 2024년부터 적용되는 새로운 수학 교육과정은 문제해결, 추론, 의사소통, 연결, 정보처리의 5대 교과 역량을 기반으로 구성됩니다. 또한, 최근 세계적으로 우수한 인재를 위한 교육 프로그램으로 인정받고 있는 IB(International Baccalaureate) 프로그램에서도 사고력을 키워주는 역량 중심의 교육과정을 지향하고 있습니다. 초등수학 IB 프로그램은 위에서 언급한 역량을 키우기 위해 서술형, 논술형 문제를 통해 설명하기(프리젠테이션)와 글쓰기 공부를 강조하고 있습니다.

　지식과 정보가 폭발적으로 증가하는 사회에 능동적으로 대응할 수 있는 역량을 갖추는 공부가 절실히 필요한 때입니다. 수학 개념을 정확하고 논리적으로 설명할 줄 아는 공부야말로 미래를 준비하고, 대처할 수 있는 능력을 키워 줄 수 있습니다. 『박학다식 문해력 수학』은 수학 교육과정에서 요구하는 5대 역량과 '설명하기'를 통해 학생이 개념을 충분히 인지하였는지를 알 수 있는 메타인지능력, 그리고 문해력을 동시에 키울 수 있는 교재입니다.

　이 책과 함께 성장하는 여러분의 미래를 응원합니다.

박학다식 문해력 수학

step 1

내비게이션

교과서의 교육과정과
학습 주제를 확인해 보세요.
문제에 집중하다 보면
길을 잃기도 하거든요.
내가 공부하고 있는 위치를
확인하는 습관을 지녀보세요.

10
합동과 대칭

• 합동인 도형의 성질

이렇게 마주 보고 있으니까, 우리 완전 똑같아.

그러게 각, 변, 점이 모두 똑같아.

각, 변, 점이 모두 대응되네.

만화

만화는 뒤에 나오는
'수학 문해력'과 연결이 돼요. 만화를 보며 해당 학습 주제에 대해 상상해 보세요.
그리고 이 주제를 '왜' 배워야 하는지 생각해 보세요.

30초 개념

수학은 '뜻(정의)'과 '성질'이
중요한 과목입니다.
꼭 알아야 할 핵심만
정리해 한눈에 개념을
이해할 수 있어요.

1 30초 개념

• 서로 합동인 두 도형을 포개었을 때 완전히 겹쳐지는 점을 대응점, 겹쳐지는 변을 대응변, 겹쳐지는 각을 대응각이라고 합니다.

대응각

대응변

대응점

개념연결

수학의 개념은 전 학년에 걸쳐
모두 연결되어 있어요. 지금
배우는 개념이 이해가 되지
않는다면 이전 개념으로 돌아가
다시 확인해 보세요. 그리고 다음에는 어떤 개념으로 연결되는지도 꼭 확인하세요.

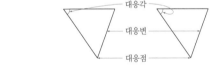

4-2	5-2	5-2	5-2
다각형	도형의 합동	합동인 도형의 성질	선대칭도형

매일 한 주제씩 꾸준히 공부하는 습관을 키워 보세요.
'빨리'보다는 '정확하게' 학습 내용을 이해하는 것이 중요합니다.

공부한 날   월   일

step **2** 설명하기

질문 ❶ 서로 합동인 두 도형에서 대응변의 길이와 대응각의 크기를 비교해 보고 알게 된 성질
을 설명해 보세요.

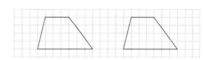

설명하기 두 사각형에서 대응변을 찾아 각각의 길이를 재어 보니 모두 같습니다.
두 사각형에서 대응각을 찾아 각각의 크기를 재어 보니 모두 같습니다.
정리하면, 서로 합동인 두 도형은 대응변의 길이가 서로 같고, 대응각의 크기도
서로 같습니다.

설명하기

'30초 개념'을 질문과 설명의 형식으로
쉽고 자세하게 풀어놓았어요.

두 사각형은 서로 합동일 때, 다음을 구해 보세요.

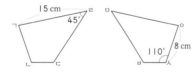

(1) 변 ㄱㄴ의 길이   (2) 각 ㅇㅁㅂ의 크기

(1) 변 ㄱㄴ의 대응변은 변 ㅇㅅ이므로 변 ㄱㄴ의 길이는 8 cm입니다.
(2) 각 ㅇㅁㅂ의 대응각은 각 ㄱㄹㄷ이므로 각 ㅇㅁㅂ의 크기는 45°입니다.

• 이렇게 공부해 보세요!
1. 무엇을 묻는 질문인지 이해한다.
2. '설명하기'를 소리 내어 읽는다.
3. 친구에게 설명한다.
4. 손으로 직접 써서 정리한다.

이 과정을 거치게 되면 초등수학의
모든 개념을 정복할 수 있어요.

step 3 개념 연결 문제

1 두 삼각형은 서로 합동입니다. 대응점이 모두 몇 쌍인지 쓰고, 점 ㄷ의 대응점에 ○표 해 보세요.

( )

개념 연결 문제

앞에서 다루었던 개념과
그 성질이 들어 있는 문제들입니다.
문제를 많이 푸는 것보다 개념을 묻는
문제를 푸는 것이 중요해요.
어떤 문제를 만나도 풀 수 있다는
자신감을 가지게 될 거예요.

2 두 육각형은 서로 합동입니다. 각 ㄱㄴㄷ의 대응각을 써 보세요.

( )

3 두 삼각형은 서로 합동입니다. 각 ㅁㄹㅂ의 크기는 몇 도인가요?

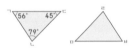

( )

4 두 사각형은 서로 합동입니다. 변 ㅁㅇ의 길이를 구해 보세요.

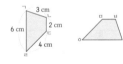

( )

step 4 도전 문제

5 합동인 도형으로 이루어진 무늬가 있습니다. ★의 각의 크기는 몇 도인가요?

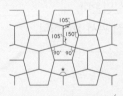

( )

문장제 문제와
사고력과 추론이 필요한
심화 문제예요.
배운 개념을 토대로
꼼꼼히 생각해 보세요.
개념이 연결되는 문제이기 때문에
충분히 해결할 수 있어요.

도전 문제

6 두 삼각형은 서로 합동입니다. □ 안에 알맞은 각의 크기를 써넣으세요.

6

합동을 활용한 미술가, 에셔

테셀레이션이란 같은 모양을 이용해서 평면이나 공간을 빈틈이나 겹쳐지는 부분 없이 채우는 것을 말한다. 욕실의 타일이나 거리의 보도블록이 테셀레이션의 예가 되며, 벽지나 전통 문양에서도 테셀레이션을 찾아볼 수 있다. 테셀레이션을 자세히 살펴보면 사용된 도형이 합동임을 알 수 있다. 하나의 정다각형으로 테셀레이션을 꾸밀 수 있는 도형은 다음과 같이 정삼각형, 정사각형, 정육각형의 3가지이다. 도형을 한 점에 모을 때 360°를 만들 수 있는 도형, 즉 한 각의 크기가 360°의 약수인 정다각형이 이 세 도형이기 때문이다.

테셀레이션으로 유명한 화가인 마우리츠 코르넬리스 에셔(Maurits Cornelis Esher)는 폴리아라는 수학자가 스케치한 17개의 벽지 디자인을 접한 후 이에 매료되었다. 이후 폴리아의 패턴 유형에 관심을 가졌으며, 그러한 패턴에 깔린 규칙을 알고 싶어 했다. 그는 폴리아와 하그의 논문을 바탕으로 많은 실험을 거듭한 끝에 규칙적인 평면 분할, 즉 테셀레이션을 개발했고, 이에 테셀레이션의 아버지로 인정받게 되었다. 이후 에셔는 죽을 때까지 평면의 규칙적인 분할에 관한 법칙에 몰두했다.

▲ 테셀레이션을 활용한 다양한 그림

에셔는 반복되는 기하학 패턴을 이용하여 대칭의 미를 느낄 수 있는 테셀레이션 작품을 이 남겼고, 수학적 소재라 할 수 있는 테셀레이션을 예술적 경지로 발전시켰다는 평을 받다.

* 패턴: 일정한 형태나 양식 또는 유형
* 분할: 나누어 쪼갬.

수학 문해력 기르기

설명문, 논설문, 신문 기사, 동화, 만화 등 다양한 분야의 읽을거리를 읽어 보세요. 긴 문장을 읽고 문제의 핵심을 파악하는 능력을 기를 수 있어요.

1 다음 중 테셀레이션을 찾아 기호를 써 보세요.

> ㉠ 정오각형 도형이 겹쳐지도록 그리는 모습
> ㉡ 정사각형 도형을 일정하게 바닥에 까는 모습
> ㉢ 원 도형 바닥에 빈틈이 생기도록 바닥에 까는 모습

( )

2 합동인 도형 한 종류로 테셀레이션을 꾸밀 수 없는 정다각형을 모두 고르세요.

( )

① 정삼각형　　　② 정사각형　　　③ 정오각형
④ 정육각형　　　⑤ 정칠각형

3 합동인 오각형으로 만든 테셀레이션입니다. 색칠한 도형에서 각 ㄱㄴㄷ의 대응각을 찾아 각 표시를 해 보세요.

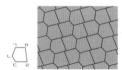

4 합동인 정다각형은 모두 몇 종류인지 찾아 써 보세요.

( )

읽을거리 안에는 앞서 배운 개념을 묻는 문제가 있어요. 문제를 푸는 과정에서 어휘력과 독해력을 키우고, 읽을거리에 담겨 있는 지식과 정보도 얻을 수 있답니다. 수학 개념과 읽기 능력, 두 마리 토끼를 잡아 보세요.

박학다식 문해력 수학

초등 5-2단계

01

수의 범위와
어림하기

● 이상과 이하

step 1 30초 개념

● 이상과 이하

50, 50.7, 51, 55, 63.3과 같이 50보다 크거나 같은 수를 50 이상인 수라고 합니다.

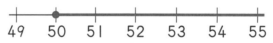

25, 24.9, 23, 20.9, 15와 같이 25보다 작거나 같은 수를 25 이하인 수라고 합니다.

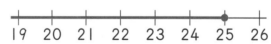

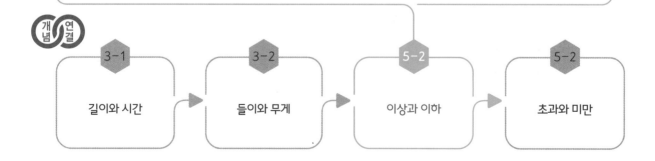

step 2 설명하기

질문 ❶ 주어진 수 중에서 70 이상인 수에 ○표, 40 이하인 수에 △표 해 보세요.

27 36 91 55 84 70 39 41 10 66 75 40 31

설명하기 △27 △36 ⑨1 55 ⑧4 ⑦0 △39 41 △10 66 ⑦5 △40 △31

질문 ❷ 수의 범위를 수직선에 나타내어 보세요.

(1) 70 이상인 수

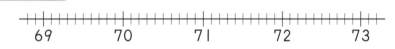

(2) 10 이하인 수

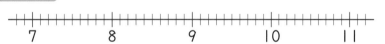

설명하기 (1) 70 이상인 수는 수직선에 다음과 같이 나타냅니다.

(2) 10 이하인 수는 수직선에 다음과 같이 나타냅니다.

1 30 이상인 수에 ○표 해 보세요.

| 10 | 30 | 18 | 20 | 34 | 17 | 40 |

2 8 이하인 수에 ○표 해 보세요.

| 4 | 10 | 0 | 11 | 6 | 12 | 15 | 8 |

3 수의 범위를 수직선에 나타내어 보세요.

(1) 16 이상인 수

(2) 8 이하인 수

4 5 이상 8 이하인 자연수를 모두 써 보세요.

(   )

5 45가 포함되는 수의 범위를 모두 찾아 기호를 써 보세요.

> ㉠ 45 이하인 수 ㉡ 50 이상인 수
> ㉢ 45 이상인 수 ㉣ 40 이하인 수

( )

6 어느 놀이동산의 에어바운스는 몸무게가 40 kg 이상인 사람은 이용할 수 없습니다. 에어바운스를 이용할 수 없는 사람의 이름을 써 보세요.

봄
여름
가을
겨울

34 kg   38 kg   40 kg   29 kg

( )

step **4** 도전 문제

7 체력 단련 동아리의 100 m 달리기 기록입니다. 기록이 18초 이하인 학생은 몇 명인가요?

이름	봄	가을	겨울	강	바다	산	여름
기록(초)	19.0	19.5	15.8	18.0	19.7	18.6	17.9

( )

8 조건 에 알맞은 수를 써 보세요.

> **조건**
> • 7 이상인 수입니다.
> • 7 이하인 수입니다.

( )

우리나라의 영화 관람 등급

영화나 만화를 보기 전 '○세 이상 관람가'라는 글자를 본 적이 있나요? 이 관람 등급은 영화를 상영하기 전에 영상물의 등급을 구분해서 관람하기 적합한 나이를 알려 주는 역할을 한답니다. '전체 관람가'는 모든 연령의 사람이 볼 수 있는 영상물이에요. '12세 이상 관람가'는 12세 이상이 관람할 수 있는 영화이고, '15세 이상 관람가'는 15세 이상의 청소년이 관람할 수 있는 영상물이지요. '청소년 관람 불가' 영화는 청소년이 관람할 수

전체관람가	전체 관람가
12세관람가	12세 이상 관람가
15세관람가	15세 이상 관람가
청소년관람불가	청소년 관람 불가
제한상영가	제한 상영가

없는 영화이고, '제한 상영가'는 청소년 관람 불가 영화 중에서도 내용의 폭력성이나 음란성이 강해서 홍보, 방송할 수 없는 영화에 매겨지는 등급이에요.

그렇다면 우리나라에서는 어떤 기준을 가지고 영화를 분류하는 것일까요? 모두 7개의 기준을 가지고 5개의 등급으로 분류하는데, 주제, 선정성, 폭력성, 대사, 공포, 약물, 모방 위험이 7개의 기준이지요. 먼저 '주제'는 해당 연령층의 정서, 가치관, 인격 형성에 좋거나 나쁜 영향을 끼치는지 판단하는 기준이 됩니다. 두 번째로 '선정성'에서는 신체의 노출 정도나 성적 행위의 표현 정도를 판단하지요. 세 번째 '폭력성'에서는 고문 같은 폭력의 표현 정도를 판단하고, 네 번째 '대사'에 대해서는 저속한 언어나 비속, 표현 정도를 살펴보고 등급을 분류합니다. 다섯 번째 '공포'는 긴장감이나 자극이 정신적으로 얼마나 충격을 줄지 살펴보는 기준이 되고, 여섯 번째 '약물'은 영상의 소재나 수단으로 다루어진 약물의 표현 정도를 판단하는 것이며, 마지막으로 '모방 위험'은 살인, 마약, 자살, 따돌림 등 어린이들이 따라 할 나쁜 표현이 없는지 판단하는 것이랍니다.

다음에 영화나 만화를 볼 때 관람 등급을 먼저 살펴보고, 7가지 기준을 생각하면서 영상물을 시청해 보는 것은 어떨까요?

1 우리나라의 영화 관람 등급이 <u>아닌</u> 것은? (   )

① 전체 관람가   ② 초등생 관람가   ③ 12세 이상 관람가
④ 15세 이상 관람가   ⑤ 청소년 관람 불가

2 영화 관람 등급의 분류 기준이 <u>아닌</u> 것은? (   )

① 선정성   ② 약물   ③ 감정
④ 공포   ⑤ 모방 위험

3 다음에서 설명하는 영화 관람 등급의 분류 기준을 써 보세요.

> 해당 연령층의 정서, 가치관, 인격 형성에 끼칠 영향

(   )

4 다음 중 12세 이상 관람가 영상물을 볼 수 있는 나이는? (   )

① 5세   ② 7세   ③ 10세
④ 11세   ⑤ 12세

5 15세 이상 관람가 영상물을 볼 수 있는 나이를 수직선에 표시해 보세요.

```
  1  2  3  4  5  6  7  8  9 10 11 12 13 14 15 16 17 18 19 20
  |--|--|--|--|--|--|--|--|--|--|--|--|--|--|--|--|--|--|--|
```

step 1 30초 개념

• 초과와 미만

50.7, 51, 55, 63.3, 100과 같이 50보다 큰 수를 50 초과인 수라고 합니다.

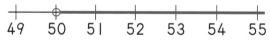

199.5, 197, 180, 173.9, 150과 같이 200보다 작은 수를 200 미만인 수라고 합니다.

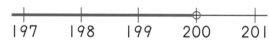

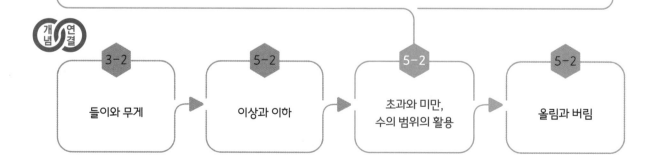

step 2 설명하기

질문 ❶ 주어진 수 중에서 70 초과인 수에 ○표, 40 미만인 수에 △표 해 보세요.

27 36 91 55 84 70 38 41 10 66 75 40 31

설명하기 ▷

△27 △36 ○91 55 ○84 70 △39 41 △10 66 ○75 40 △31

질문 ❷ 수의 범위를 수직선에 나타내어 보세요.

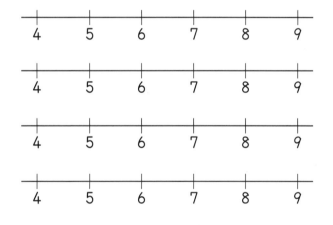

(1) 5 이상 8 이하인 수

(2) 5 이상 8 미만인 수

(3) 5 초과 8 이하인 수

(4) 5 초과 8 미만인 수

설명하기 ▷ 5와 8 사이 수의 범위를 이상, 이하, 초과, 미만을 사용하여 수직선에 나타내면 다음과 같습니다.

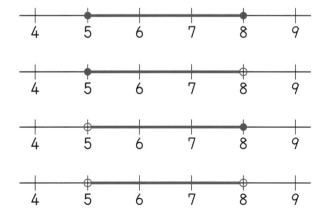

(1) 5 이상 8 이하인 수

(2) 5 이상 8 미만인 수

(3) 5 초과 8 이하인 수

(4) 5 초과 8 미만인 수

1 5 초과인 수에 ○표 해 보세요.

| 1 | 2 | 3 | 4 | 5 | 6 | 7 | 8 | 9 | 10 |

2 40 미만인 수에 ○표 해 보세요.

| 24 | 28 | 30 | 34 | 38 | 40 | 50 |

3 수의 범위를 수직선에 나타내어 보세요.

(1) 16 초과 20 미만인 수

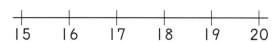

(2) 11 이상 15 미만인 수

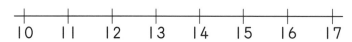

(3) 13 초과 17 이하인 수

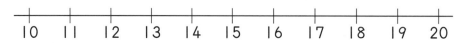

4 □와 △에 알맞은 자연수를 구해 보세요.

> □ 초과 △ 미만인 자연수를 모두 쓰면 3, 4, 5입니다.

□ (   )
△ (   )

step 4 도전 문제

5 통과 제한 높이가 3.5 m 미만인 터널을 지나갈 수 있는 차량을 모두 써 보세요.

차량	소형 버스	물탱크차	트럭	구급차	사다리차
높이(cm)	200	320	350	300	370

(   )

6 50 m 달리기 평가 기준과 학생들의 기록표입니다. 3등급에 해당하는 사람의 이름을 써 보세요.

평가 기준

등급	5등급	4등급	3등급	2등급	1등급
시간(초)	13.3 초과	11.0 초과 13.3 이하	10.4 초과 11.0 이하	9.4 초과 10.4 이하	9.4 이하

기록표

이름	별	달	바다	산	봄
시간(초)	12.5	13.3	9.4	10.4	11.0

(   )

안전한 놀이 시설 이용 요령

1. 탑승 제한

◆ 놀이 기구 탑승 시 가장 유의할 점은 바로 키 제한이다. 규정된 키보다 작은 사람은 놀이 기구에 탑승할 수 없다. 이는 가장 기본이 되는 안전 보장 조건이다. 일부 놀이 기구는 보호자가 함께 이용하면 규정된 키보다 작은 어린이도 이용할 수 있는데, 이때 어린이의 보호자는 반드시 만 18세 이상의 성인이어야 한다.

◆ 임산부, 노소약자, 음주자 등 신체적으로 안전 위험이 따르는 사람은 놀이 기구를 이용할 수 없다. 겉으로 보이지 않는 손님의 건강 상태를 근무자가 일일이 확인하기 어려운 만큼 고혈압이나 심장 질환, 디스크 등을 앓고 있다면 놀이 기구 이용을 스스로 자제하는 것이 안전을 위한 최고의 방법이다.

◆ 놀이 기구를 무리하게 오래 이용하지 말고 특히 식사 후에는 충분히 휴식을 취한 다음 이용해야 안전하다.

◆ 놀이 기구별 탑승 제한 규칙을 반드시 준수한다.

2. 운행 중 자세

◆ 운행 중 떨어질 수 있는 물건은 가지고 타지 않으며 항상 안전 레버를 손으로 잡고 있어야 한다. 운행 중에는 일어서거나 안전장치를 풀거나 문을 여는 등의 불필요한 행위를 절대 시도하지 않는다.

◆ 창으로 손을 내민다거나 놀이 기구 밖으로 오물을 버리는 행위, 운행 중에 음식물을 먹거나 친구들과 과격하게 장난하는 행위 역시 위험하므로 자제해야 한다.

3. 탑승 완료 후 퇴장

◆ 정지하기 전에 안전장치를 푸는 행위나 놀이 기구가 정지하기 위해 서서히 움직이는 동안에 뛰어내리는 행위는 매우 위험하므로 결코 해서는 안 된다.

◆ 탑승객은 자신의 소지품을 확인한 후 천천히 하차하여 지정된 출구로 나간다.

◆ 출구로 뛰어나가는 행동 역시 대단히 위험하므로 자제한다.

1 안전한 놀이 시설 이용 방법에 해당하지 <u>않는</u> 것은? (　　　　)

① 정지하기 전에 안전장치를 풀지 않는다.
② 타면서 음식이나 음료수를 먹는다.
③ 탑승 중 일어서거나 뛰어내리지 않는다.
④ 놀이 기구가 멈추면 천천히 내려서 지정된 출구로 나간다.
⑤ 올바른 탑승 자세로 이용한다.

2 놀이 기구의 탑승 제한 요소가 <u>아닌</u> 것은? (　　　　)

① 키　　　　　　　　② 나이　　　　　　　　③ 몸의 건강 상태
④ 임신 여부　　　　　⑤ 기분

3 스릴 만점 어트랙션을 탈 수 없는 키의 범위를 수직선에 나타내어 보세요.

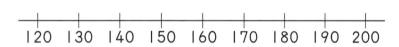

4 스릴 만점 어트랙션을 이용할 수 있는 나이의 범위를 수직선에 나타내어 보세요.

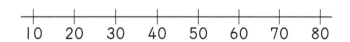

5 스릴 만점 어트랙션을 탈 때, 한 번에 이용 가능한 인원의 범위를 수직선에 나타내어 보세요.

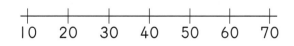

03
수의 범위와
어림하기

올림과 버림

봄아! 전기세가 너무 많이 나왔는데, 컴퓨터를 쓰지 않을 때는 꺼 두도록 해요.

기본 요금	30,800원
전력량 요금	55,080원
전기 요금계	85,880원
부가가치세	8,588원
전력 기금	3,090원
원단위절사	-8원
당월요금계	97,550원
TV수신료	2,500원
합계	100,050원

고지서에 원 단위 절사 —8이라고 되어 있는데 무슨 말인가요?

원 단위 절사?

보통은 100,058원을 올림해서 100,060원을 내고 2원을 거슬러 받아야 하는데, 원 단위는 버림하고 100,050원만 내는 거란다.

100,058원에서 올림하면 100,060원 이고, 버림하면 100,050원 이구나.

---

step 1 **30초 개념**

- 구하려는 자리 아래 수를 올려서 나타내는 방법을 올림이라고 합니다.
  예를 들어, 327을 올림하여 십의 자리까지 나타내면 330, 327을 올림하여 백의 자리까지 나타내면 400입니다.
- 구하려는 자리 아래 수를 버려서 나타내는 방법을 버림이라고 합니다.
  예를 들어, 327을 버림하여 십의 자리까지 나타내면 320, 327을 버림하여 백의 자리까지 나타내면 300입니다.

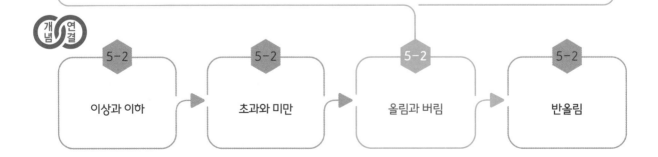

개념 연결

5-2	5-2	5-2	5-2
이상과 이하	초과와 미만	올림과 버림	반올림

step 2 설명하기

질문 ❶ 소수 5.236을 어림하여 다음과 같이 나타내어 보세요.

(1) 올림하여 소수 첫째 자리까지 　　　(2) 올림하여 소수 둘째 자리까지
(3) 버림하여 소수 첫째 자리까지 　　　(4) 버림하여 소수 둘째 자리까지

설명하기 ▷ (1) 5.3 　　　　　　　　　　　(2) 5.24
　　　　　 (3) 5.2 　　　　　　　　　　　(4) 5.23

질문 ❷ 주어진 수 중 다음과 같은 수를 모두 찾아 써 보세요.

3725　3699　3842　3701　3604　3800　3560　3650　3750

(1) 올림하여 백의 자리까지 나타내면 3700이 되는 수
(2) 올림하여 십의 자리까지 나타내면 3700이 되는 수
(3) 버림하여 백의 자리까지 나타내면 3700이 되는 수
(4) 버림하여 십의 자리까지 나타내면 3700이 되는 수

설명하기 ▷ (1) 3699, 3604, 3650
　　　　　 (2) 3699
　　　　　 (3) 3725, 3701, 3750
　　　　　 (4) 3701

1 수를 올림 또는 버림하여 빈칸에 써넣으세요.

(1)

수	올림하여 십의 자리까지	버림하여 십의 자리까지
15		

(2)

수	올림하여 십의 자리까지	버림하여 십의 자리까지
494		

(3)

수	올림하여 백의 자리까지	버림하여 백의 자리까지
585		

(4)

수	올림하여 백의 자리까지	버림하여 백의 자리까지
301		

2 ◯ 안에 >, =, <를 알맞게 써넣으세요.

(1) 15.83을 올림하여 소수 첫째 자리까지 나타낸 수 ◯ 15.97을 버림하여 소수 첫째 자리까지 나타낸 수

(2) 12.33을 올림하여 소수 첫째 자리까지 나타낸 수 ◯ 12.29를 버림하여 소수 첫째 자리까지 나타낸 수

(3) 10.1을 올림하여 일의 자리까지 나타낸 수 ◯ 10.1을 버림하여 일의 자리까지 나타낸 수

(4) 1.981을 버림하여 소수 첫째 자리까지 나타낸 수 ◯ 1.981을 올림하여 소수 둘째 자리까지 나타낸 수

3 올림하여 백의 자리까지 나타낸 수가 4500이 되는 자연수 중 가장 큰 수와 가장 작은 수를 구해 보세요.

가장 큰 수 (   )

가장 작은 수 (   )

4 1000원짜리 지폐로 6600원짜리 물건을 사려고 합니다. 얼마를 내야 물건을 살 수 있는지 구해 보세요.

(   )

5 올림하여 백의 자리까지 나타내었을 때 600이 되는 수의 범위를 수직선에 나타내어 보세요.

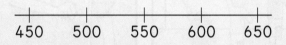

6 4장의 수 카드를 한 번씩만 사용하여 조건 에 알맞은 네 자리 수를 구해 보세요.

조건

버림하여 십의 자리까지 나타내면 2300입니다.

0   1   2   3

(   )

어린이 댄스 신규 모집

댄스 신규 모집

어린이 스포츠 시간표

반명	모집 기간	대상	강습 시간	강습 요일	강습 횟수	강습 비용	준비물
NEW! 방송댄스	2월 13일 ~29일	초등학생	16:30 ~ 17:20	화	4회	35,000원	간편한 운동복

유의 사항

1. 한 반의 최대 인원은 10명입니다.

2. 반 개설에 필요한 최소 인원은 1명입니다. 신청자가 1명 이상일 경우 무조건 반이 개설됩니다.

3. 신청자가 10명이 초과되면 추가로 반이 개설됩니다.

1 프로그램에 대한 내용으로 알맞은 것은? (   )

① 어린이 축구 교실   ② 어린이 노래 교실
③ 어린이 댄스 교실   ④ 어린이 음악 줄넘기 교실
⑤ 어린이 기타 교실

2 최소 몇 명의 어린이가 신청해야 반이 개설되는지 써 보세요.

(   )

3 글에 나와 있지 <u>않은</u> 정보는? (   )

① 준비물   ② 모집 대상   ③ 모집 기간
④ 강습 요일   ⑤ 강사의 강습 실력

4 ㅣㅣ명이 신청하면 몇 개의 반이 개설되는지 구해 보세요.

(   )

5 신청 인원에 따라 몇 개의 반을 개설할지 계산할 때 필요한 것에 ○표 해 보세요.

| 올림하여 십의 자리까지 나타낸 수 | 버림하여 십의 자리까지 나타낸 수 |

(   )   (   )

step 1 30초 개념

- 구하려는 바로 아래 자리의 숫자가 0, 1, 2, 3, 4이면 버리고, 5, 6, 7, 8, 9이면 올리는 방법을 반올림이라고 합니다.

  예를 들어, 137을 반올림하여 백의 자리까지 나타내면 100이고, 137을 반올림하여 십의 자리까지 나타내면 140입니다.

  반올림하여 백의 자리까지 나타내기

  $137 \Rightarrow 100$

  3이므로 버려요.

  반올림하여 십의 자리까지 나타내기

  $137 \Rightarrow 140$

  7이므로 올려요.

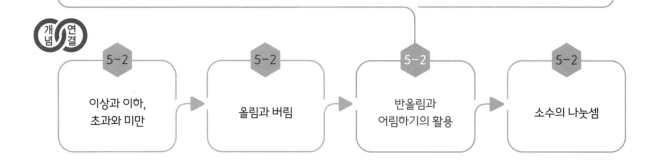

step 2 설명하기

질문 ❶ 소수 13.537을 반올림하여 다음과 같이 나타내어 보세요.

(1) 반올림하여 십의 자리까지
(2) 반올림하여 일의 자리까지
(3) 반올림하여 소수 첫째 자리까지
(4) 반올림하여 소수 둘째 자리까지

설명하기 (1) 10   (2) 14
         (3) 13.5   (4) 13.54

질문 ❷ 반올림하여 천의 자리까지 나타내면 5000이 되는 수를 모두 찾아 ○표 해 보세요.

4584   5675   5216   5342   4499   4500   5500   5499   5999

설명하기 ④584   5675   ⑤216   ⑤342   4499   ④500   5500   ⑤499   5999

1 일의 자리에서 반올림하여 20이 되는 수의 범위를 수직선에 나타내어 보세요.

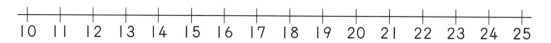

2 십의 자리에서 반올림하여 200이 되는 수의 범위를 수직선에 나타내어 보세요.

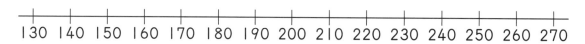

3 주어진 자리에서 반올림한 수를 빈칸에 써넣으세요.

	소수 첫째 자리에서	소수 둘째 자리에서	소수 셋째 자리에서
1.278			

4 나비 정원 축제의 참가 인원 수를 십의 자리에서 반올림하여 나타내어 보세요.

	참가 인원 수	십의 자리에서 반올림한 수
토요일	224	
일요일	347	
합계	561	

5 큰 수부터 순서대로 기호를 써 보세요.

> ㉠ 1580을 올림하여 십의 자리까지 나타낸 수
> ㉡ 1587을 버림하여 백의 자리까지 나타낸 수
> ㉢ 1587을 십의 자리에서 반올림한 수

(   )

step **4** 도전 문제

6 일의 자리에서 반올림한 수와 십의 자리에서 반올림한 수가 같은 수를 모두 찾아 ○표 해 보세요.

| 200 | 145 | 399 | 491 |

7 조건 에 맞는 수를 구해 보세요.

> **조건**
> • 소수 두 자리 수입니다.
> • 소수 둘째 자리에서 반올림하면 2.7입니다.
> • 소수 둘째 자리 수는 6입니다.

(   )

근삿값과 몸무게

근삿값은 '수학과 현실이 만나는 점'이라는 말이 있다. 실제 생활에서 참값만큼이나 자연스럽게 사용되고 있기 때문일 것이다. 예를 들어 '당신의 몸무게는 얼마인가'라고 물으면 우리는 몸무게를 대략 반올림 내지 올림을 통해 kg 단위로 말하게 된다. 하지만 엄밀히 말하자면 g 단위, 어쩌면 소수점 아래로 무수히 이어지는 소수의 값이 정확한 우리의 몸무게라고 할 수 있을 것이다. 그러나 살아가는 데 있어 참값을 사용하는 일은 굉장히 번거롭고, 그렇게 정확한 값은 필요치 않기 때문에 우리는 근삿값을 사용한다.

근삿값에는 어림으로 잡은 값과 같이 참값을 알고 있는 것이 있고, 측정으로 얻은 값과 같이 참값을 알지 못하는 것이 있다. 예를 들어 야구장에 4915명이 입장했는데 이를 5000명이라고 했다고 치자. 이때 5000명은 참값 4915명을 어림하여 잡은 근삿값이 된다. 하지만 키가 180 cm라고 했다면 이는 측정하여 얻은 근삿값이고, 여기서 참값은 알지 못한다. 이와 같이 근삿값은 측정값뿐만 아니라 어림으로 잡은 값까지 모두 포함하고 있음을 유의해야 한다.

우리가 일상생활에서 몸무게를 잴 때 사용하는 전자저울을 생각해 보자. 왼쪽은 소수 둘째 자리 수까지 측정한 후 반올림하여 소수 첫째 자리까지 나타내는 저울이다. 오른쪽 저울은 소수 셋째 자리까지 측정한 후 반올림하여 소수 둘째 자리까지 나타내는 저울이다. 둘 다 참값을 알 수 없지만 더 세밀하게 나타내는 저울은 오른쪽 저울이다.

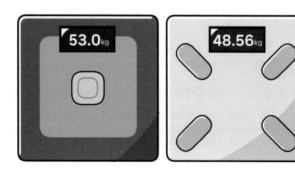

1 참값을 알 수 있는 것은? (   )

① 키   ② 농구장에 입장한 인원수
③ 몸무게   ④ 허리둘레
⑤ 기온

2 글의 왼쪽 저울이 나타내는 숫자가 나올 수 있는 몸무게의 범위를 수직선에 나타내어 보세요.

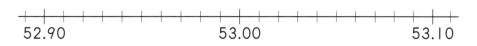

3 글의 오른쪽 저울이 나타내는 숫자가 나올 수 있는 몸무게의 범위를 써 보세요.

_____ (이상 / 초과)   _____ (이하 / 미만)

4 연필의 길이를 재었습니다. 자연수로 길이를 나타내는 전자식 자가 있다면 몇 cm라고 읽을지 써 보세요.

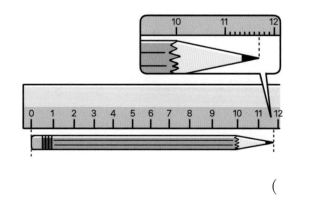

(   )

5 야구장에 입장한 4915명의 입장객 수를 반올림하여 백의 자리까지 나타내어 보세요.

(   )

(진분수)×(자연수)

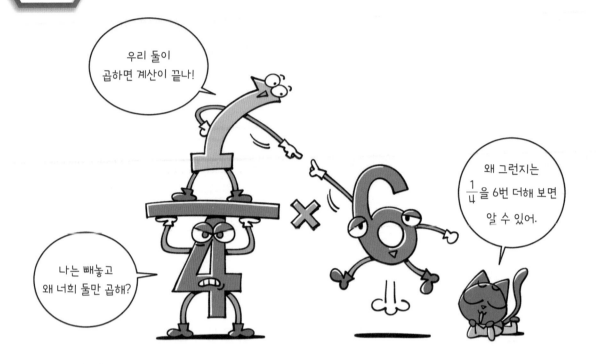

우리 둘이
곱하면 계산이 끝나!

왜 그런지는
$\frac{1}{4}$을 6번 더해 보면
알 수 있어.

나는 빼놓고
왜 너희 둘만 곱해?

step 1 30초 개념

• (진분수)×(자연수)는 자연수의 곱셈의 원리와 같이 분수를 자연수만큼 더한 것과 같습니다.

$$\frac{1}{4} \times 2 = \frac{1}{4} + \frac{1}{4} = \frac{1+1}{4} = \frac{1 \times 2}{4} = \frac{\overset{1}{\cancel{2}}}{\underset{2}{\cancel{4}}} = \frac{1}{2}$$ (약분은 꼭 해야 하는 것은 아닙니다.)

$$\frac{1}{5} \times 3 = \frac{1}{5} + \frac{1}{5} + \frac{1}{5} = \frac{1+1+1}{5} = \frac{1 \times 3}{5} = \frac{3}{5}$$

분수의 분모는 그대로 두고
분자와 자연수를 곱해요.

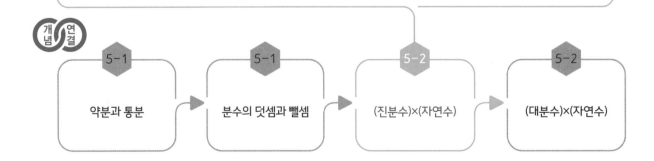

개념 연결

5-1	5-1	5-2	5-2
약분과 통분	분수의 덧셈과 뺄셈	(진분수)×(자연수)	(대분수)×(자연수)

step 2 설명하기

질문 ❶ $\dfrac{3}{5} \times 4$ 를 자연수의 곱셈의 원리를 이용하여 계산해 보세요.

설명하기 (분수)×(자연수)는 진분수를 자연수만큼 더해서 계산합니다.

$$\frac{3}{5} \times 4 = \frac{3}{5} + \frac{3}{5} + \frac{3}{5} + \frac{3}{5} = \frac{3+3+3+3}{5} = \frac{3 \times 4}{5} = \frac{12}{5} = 2\frac{2}{5}$$

HONEY 꿀팁

$$\frac{(분자)}{(분모)} \times (자연수) = \frac{(분자) \times (자연수)}{(분모)} \text{로 계산할 수 있습니다.}$$

질문 ❷ $\dfrac{3}{4} \times 6$ 을 수직선을 이용하여 계산해 보세요.

설명하기 $\dfrac{3}{4} \times 6$ 은 수직선에서 $\dfrac{3}{4}$ 씩 6번 뛰어 세는 것과 같으므로 $4\dfrac{2}{4}\left(=4\dfrac{1}{2}\right)$ 입니다.

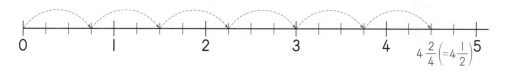

1 그림에 알맞게 색칠하고 계산해 보세요.

(1)
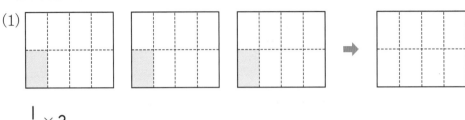

$$\frac{1}{8} \times 3$$

(2)
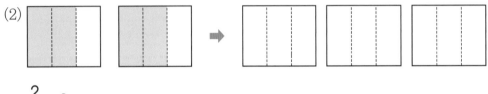

$$\frac{2}{3} \times 2$$

2 수직선을 보고 계산해 보세요.

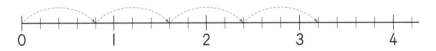

$$\frac{4}{5} \times 4$$

3 그림을 보고 $\frac{1}{12} \times 6$과 결과가 같은 (진분수)×(자연수)의 식을 써 보세요.

$\frac{1}{12}$	$\frac{1}{12}$	$\frac{1}{12}$	$\frac{1}{12}$	$\frac{1}{12}$	$\frac{1}{12}$	$\frac{1}{12}$	$\frac{1}{12}$	$\frac{1}{12}$	$\frac{1}{12}$	$\frac{1}{12}$	$\frac{1}{12}$
$\frac{1}{6}$		$\frac{1}{6}$		$\frac{1}{6}$		$\frac{1}{6}$		$\frac{1}{6}$		$\frac{1}{6}$	
$\frac{1}{3}$				$\frac{1}{3}$				$\frac{1}{3}$			
$\frac{1}{2}$						$\frac{1}{2}$					

식 _____

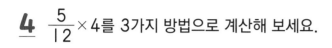

4 $\dfrac{5}{12} \times 4$를 3가지 방법으로 계산해 보세요.

(1) $\dfrac{5}{12} \times 4 = \dfrac{5 \times 4}{12} = \dfrac{20}{\cancel{12}_{\boxed{}}} = \dfrac{\boxed{}}{\boxed{}} = \boxed{}\dfrac{\boxed{}}{\boxed{}}$

(2) $\dfrac{5}{12} \times 4 = \dfrac{5 \times \cancel{4}^{\boxed{}}}{\cancel{12}_{\boxed{}}} = \dfrac{\boxed{}}{\boxed{}} = \boxed{}\dfrac{\boxed{}}{\boxed{}}$

(3) $\dfrac{5}{\cancel{12}_{\boxed{}}} \times \cancel{4}^{\boxed{}} = \dfrac{\boxed{}}{\boxed{}} = \boxed{}\dfrac{\boxed{}}{\boxed{}}$

5 계산해 보세요.

(1) $\dfrac{3}{7} \times 2$ (2) $\dfrac{5}{6} \times 5$

step 4 도전 문제

6 계산식에서 <u>잘못된</u> 부분을 찾아 바르게 계산해 보세요.

$$\dfrac{3}{7} \times 5 = \dfrac{3}{7 \times 5} = \dfrac{3}{35} \Rightarrow$$

> 바른 계산

7 한 변의 길이가 $\dfrac{2}{3}$ cm인 정사각형의 둘레는 몇 cm인가요?

(   )

해독 주스

우리의 건강을 책임질 해독 주스 재료 6총사를 소개합니다.

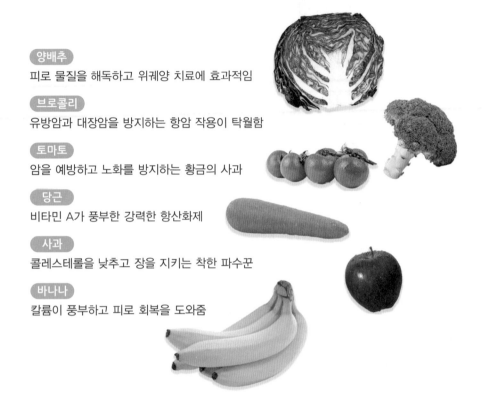

양배추
피로 물질을 해독하고 위궤양 치료에 효과적임

브로콜리
유방암과 대장암을 방지하는 항암 작용이 탁월함

토마토
암을 예방하고 노화를 방지하는 황금의 사과

당근
비타민 A가 풍부한 강력한 항산화제

사과
콜레스테롤을 낮추고 장을 지키는 착한 파수꾼

바나나
칼륨이 풍부하고 피로 회복을 도와줌

◆ 해독 주스 레시피(1인분 기준)

재료: 양배추 $\frac{1}{3}$개(또는 콜라비), 당근 1개,

토마토 1개, 브롤콜리 1개, 사과 $\frac{1}{2}$개,

바나나 1개, 물 500 cc

1. 사과와 바나나를 제외한 재료를 큰 냄비에 물과 함께 담습니다.

2. 당근이 익을 수 있는 시간인 약 15분간 삶아 냅니다.

3. 믹서기에 삶아 낸 재료와 우린 물, 사과, 바나나를 넣어 갑니다.
   (사과, 바나나 외에 기호에 따라 요구르트 등을 넣을 수도 있습니다.)

4. 아침저녁으로 식전에 마시면 됩니다.

1 해독 주스의 재료가 <u>아닌</u> 것은? (   )

① 바나나   ② 사과   ③ 당근
④ 토마토   ⑤ 오이

2 보기 에서 설명하는 효과가 있는 재료를 찾아 써 보세요.

> 보기
>
> 피로 물질을 해독하고 위궤양 치료에 효과적이다.

(   )

3 해독 주스 1인분을 만드는 데 필요한 양배추는 몇 개인지 써 보세요.

(   )

4 해독 주스 1인분을 만드는 데 필요한 사과는 몇 개인지 써 보세요.

(   )

5 해독 주스 20인분을 만들 때 필요한 양배추와 사과는 각각 몇 개인가요?

양배추 (   )

사과 (   )

- (대분수)×(자연수)는 대분수를 자연수만큼 더해서 계산합니다.

$$1\frac{3}{4}\times 3=1\frac{3}{4}+1\frac{3}{4}+1\frac{3}{4}=(1+1+1)+\left(\frac{3}{4}+\frac{3}{4}+\frac{3}{4}\right)$$

$$=(1\times 3)+\left(\frac{3}{4}\times 3\right)$$

$$=3+\frac{9}{4}$$

$$=3+2\frac{1}{4}=5\frac{1}{4}$$

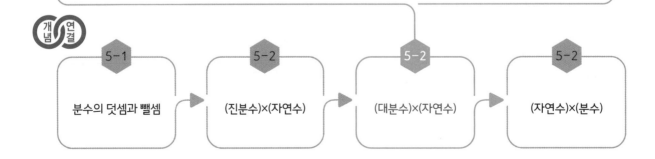

5-1	5-2	5-2	5-2
분수의 덧셈과 뺄셈	(진분수)×(자연수)	(대분수)×(자연수)	(자연수)×(분수)

step 2 설명하기

질문 ❶　$1\frac{3}{4} \times 3$을 대분수를 가분수로 바꾸어 계산해 보세요.

설명하기 　대분수 $1\frac{3}{4}$을 가분수로 바꾸면 $\frac{7}{4}$이므로

$$1\frac{3}{4} \times 3 = \frac{7}{4} \times 3 = \frac{7 \times 3}{4} = \frac{21}{4} = 5\frac{1}{4}$$

대분수를 가분수로 바꾸면 다음 공식을 이용할 수 있습니다.

$$(\text{대분수}) \times (\text{자연수}) = \frac{(\text{분자})}{(\text{분모})} \times (\text{자연수}) = \frac{(\text{분자}) \times (\text{자연수})}{(\text{분모})}$$

질문 ❷　$1\frac{3}{4} \times 3$을 수직선을 이용하여 계산해 보세요.

설명하기 　$1\frac{3}{4} \times 3$은 수직선에서 $1\frac{3}{4}$씩 3번 뛰어 세는 것과 같습니다.

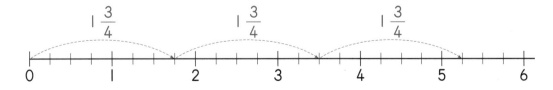

수직선에서 $1\frac{3}{4} \times 3 = 5\frac{1}{4}$임을 알 수 있습니다.

1 수직선을 이용하여 계산해 보세요.

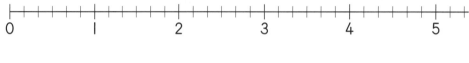

$1\dfrac{1}{6} \times 4$

2 그림을 보고 □ 안에 알맞은 수를 써넣으세요.

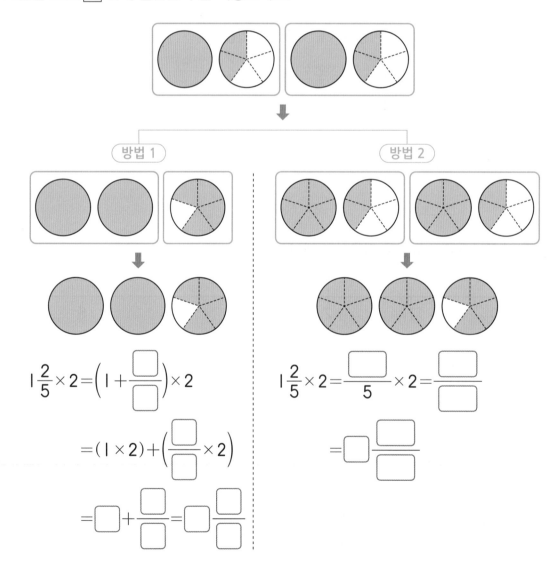

방법 1

$1\dfrac{2}{5} \times 2 = \left(1 + \dfrac{\square}{\square}\right) \times 2$

$= (1 \times 2) + \left(\dfrac{\square}{\square} \times 2\right)$

$= \square + \dfrac{\square}{\square} = \square\dfrac{\square}{\square}$

방법 2

$1\dfrac{2}{5} \times 2 = \dfrac{\square}{5} \times 2 = \dfrac{\square}{\square}$

$= \square\dfrac{\square}{\square}$

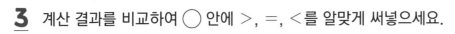

3 계산 결과를 비교하여 ◯ 안에 >, =, <를 알맞게 써넣으세요.

(1) $1\dfrac{5}{9} \times 3$ ◯ $2\dfrac{1}{3} \times 2$

(2) $3\dfrac{3}{4} \times 2$ ◯ $2\dfrac{1}{2} \times 2$

(3) $4\dfrac{7}{10} \times 5$ ◯ $6\dfrac{4}{5} \times 3$

(4) $3\dfrac{6}{7} \times 5$ ◯ $10\dfrac{4}{21} \times 2$

4 가로가 $2\dfrac{3}{4}$ m, 세로가 4 m인 직사각형의 넓이는 몇 m²인가요?

(   )

step **4** 도전 문제

5 한 변이 $2\dfrac{5}{8}$ cm인 정육각형의 둘레는 몇 cm인가요?

(   )

6 계산식에서 <u>잘못된</u> 부분을 찾아 바르게 계산해 보세요.

바른 계산

$4\dfrac{3}{5} \times 10 = 4\dfrac{3}{\underset{1}{5}} \times \overset{2}{10} = 8 + 3 = 11$ ➡

1. 물 500 mL에 된장, 쌈장, 고춧가루를 넣고 끓입니다.

2. 물이 끓으면 양파와 두부를 순서대로 넣고 한 번 더 끓여 준 다음, 청양고추나 호박, 차돌박이 등 추가할 재료가 있으면 넣습니다. 이때 재료를 고기, 단단한 채소의 순서대로 넣어 줍니다.

3. 마지막으로 대파를 넣고 1분간 끓이면 완성!

1 이 글을 따라 만들 수 있는 요리로 알맞은 것은? (   )

① 고추장찌개   ② 된장찌개   ③ 김치찌개
④ 시래기 된장국   ⑤ 배추 된장국

2 된장찌개를 끓이는 순서대로 기호를 써 보세요.

> ㉠ 대파를 넣고 끓인다.
> ㉡ 양파와 두부를 넣고 끓인다.
> ㉢ 물에 된장, 쌈장, 고춧가루를 넣고 끓인다.

(   )

3 된장찌개 IO인분을 끓일 때 필요한 쌈장은 몇 스푼인지 구해 보세요.

식 ＿＿＿＿＿＿＿＿＿＿＿＿＿

답 ＿＿＿＿＿＿＿＿＿＿＿

4 된장찌개 50인분을 끓일 때 필요한 고춧가루는 몇 스푼인지 구해 보세요.

식 ＿＿＿＿＿＿＿＿＿＿＿＿＿

답 ＿＿＿＿＿＿＿＿＿＿＿

step 1 **30초 개념**

• (자연수)×(분수)는 자연수의 분수 배입니다.

상황	배	곱셈식
	6의 2배	6×2
	6의 1배	6×1
6의 $\dfrac{1}{3}$	6의 $\dfrac{1}{3}$배	$6 \times \dfrac{1}{3}$
6의 $\dfrac{2}{3}$	6의 $\dfrac{2}{3}$배	$6 \times \dfrac{2}{3}$

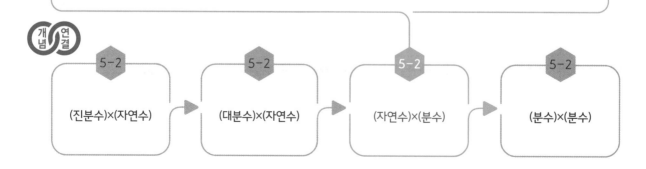

개념연결

5-2	5-2	5-2	5-2
(진분수)×(자연수)	(대분수)×(자연수)	(자연수)×(분수)	(분수)×(분수)

step 2 설명하기

질문 ❶ ▶ 끈의 길이가 6 m일 때, 6 m의 $\frac{2}{3}$ 를 그려서 $6 \times \frac{2}{3}$ 를 계산해 보세요.

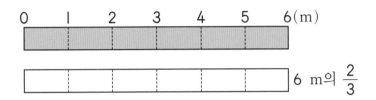

설명하기 ▶ 6 m의 $\frac{1}{3}$ 은 6 m를 3등분 한 것 중 1만큼인 2 m이고, 6 m의 $\frac{2}{3}$ 는 6 m를 3

등분 한 것 중 2만큼인 4 m이므로 $6 \times \frac{2}{3} = 4$ 입니다.

$$(자연수) \times (진분수) = (자연수) \times \frac{(분자)}{(분모)} = \frac{(자연수) \times (분자)}{(분모)}$$

질문 ❷ ▶ 대분수를 가분수로 바꾸어 $2 \times 1\frac{1}{3}$ 을 계산해 보세요.

설명하기 ▶ 대분수 $1\frac{1}{3}$ 을 가분수로 고치면 $\frac{4}{3}$ 이므로 $2 \times 1\frac{1}{3} = 2 \times \frac{4}{3} = \frac{2 \times 4}{3} = \frac{8}{3} = 2\frac{2}{3}$

대분수를 자연수와 진분수의 합으로 나누고 각각에 자연수를 곱하여 계산할 수 있습니다.

$$2 \times 1\frac{1}{3} = 2 \times \left(1 + \frac{1}{3}\right) = (2 \times 1) + \left(2 \times \frac{1}{3}\right) = 2 + \frac{2}{3} = 2\frac{2}{3}$$

1 그림에 알맞게 색칠하고 계산해 보세요.

(1)

$$12 \times \frac{1}{3}$$

(2)

$$12 \times \frac{2}{3}$$

2 $3 \times 1\frac{1}{5}$ 을 2가지 방법으로 계산해 보세요.

(1) $3 \times 1\frac{1}{5} = (3 \times 1) + \left(3 \times \frac{1}{5}\right) = \boxed{} + \dfrac{\boxed{} \times 1}{\boxed{}} = \boxed{} \dfrac{\boxed{}}{\boxed{}}$

(2) $3 \times 1\frac{1}{5} = 3 \times \dfrac{\boxed{}}{5} = \dfrac{\boxed{} \times \boxed{}}{\boxed{}} = \dfrac{\boxed{}}{\boxed{}} = \boxed{} \dfrac{\boxed{}}{\boxed{}}$

3 계산 결과를 비교하여 ◯ 안에 >, =, <를 알맞게 써넣으세요.

(1) $5 \times \frac{3}{4}$ ◯ 5

(2) $4 \times \frac{1}{2}$ ◯ 4

(3) $3 \times \frac{1}{4}$ ◯ 3

(4) $6 \times 3\frac{1}{2}$ ◯ 18

4 계산 결과가 4보다 큰 식을 모두 찾아 ○표 해 보세요.

| $3 \times 1\frac{1}{2}$ | $2 \times 2\frac{1}{4}$ | $4 \times \frac{1}{5}$ | $5 \times \frac{2}{3}$ | $2 \times 1\frac{4}{5}$ |

(   )   (   )   (   )   (   )   (   )

5 계산해 보세요.

(1) $10 \times \frac{3}{5}$

(2) $3 \times 1\frac{2}{7}$

(3) $15 \times 2\frac{2}{3}$

(4) $7 \times 3\frac{1}{14}$

step 4 도전 문제

6 가로 3 m, 세로 $1\frac{3}{4}$ m인 직사각형 액자의 넓이는 몇 m²인가요?

(   )

7 가을이는 오늘 2시간 동안 공부를 했습니다. 전체 공부 시간의 $\frac{1}{3}$은 국어, $\frac{1}{3}$은 수학, $\frac{1}{3}$은 사회 공부를 하는 데 썼을 때 수학을 공부한 시간은 몇 분인지 구해 보세요.

(   )

발표 프로그램에서 그림의 크기 조절하기

1. 그림을 문서에 불러 옵니다. 그림을 삽입한 후 마우스로 그림을 클릭하면 8개의 점이 나옵니다.

2. 점 위에 마우스를 갖다 대고 커서가 화살표로 바뀌면 드래그하여 그림의 크기를 조절할 수 있습니다.

   ① 다음 두 점을 움직이면 그림을 가로로 길게 늘이거나 가로의 폭을 줄일 수 있습니다. 세로의 길이는 변하지 않기 때문에 그림이 납작해지거나 길쭉해 보일 수 있어요.

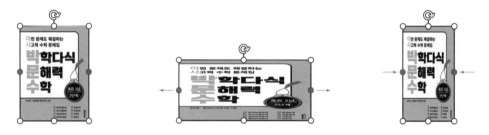

   ② 다음 두 점을 움직이면 그림의 세로 길이를 조절할 수 있어요. 가로의 길이는 변하지 않기 때문에 그림이 길쭉해지거나 납작해 보일 수 있어요.

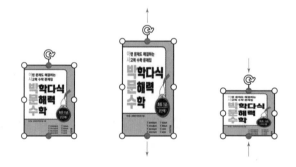

   ③ 다음 네 점을 움직이면 그림의 가로와 세로 길이를 동시에 조절할 수 있어요. 이때, 키보드의 Shift 버튼을 누른 후 다음 네 점을 움직이면 그림이 찌그러지지 않고 크기만 커지거나 작아져요. 가로가 $\frac{1}{2}$로 줄어들면, 세로도 $\frac{1}{2}$로 줄어들기 때문이지요.

1 다음 중 알맞은 것은? (   )

① 그림의 색깔을 바꾸는 방법에 대한 내용이다.
② 그림을 무늬로 만드는 방법에 대한 내용이다.
③ 그림의 크기를 조절하는 방법에 대한 내용이다.
④ 그림을 넣는 방법에 대한 내용이다.
⑤ 그림을 뒤집는 방법에 대한 내용이다.

2 그림에서 가로와 세로의 길이를 동시에 조절할 수 있는 점을 찾아 기호를 써 보세요.

(   )

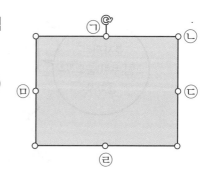

3 그림에서 가로를 3 cm 늘이기 위해 움직여야 하는 점을 모두 찾아 기호를 써 보세요.

(   )

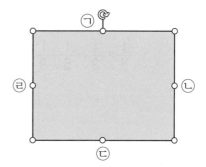

4 가로가 8 cm, 세로가 6 cm인 직사각형의 가로와 세로를 $\frac{1}{2}$ 만큼 줄였습니다. 크기를 줄인 직사각형의 가로, 세로의 길이는 각각 몇 cm인가요?

가로 (   )
세로 (   )

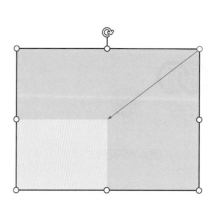

step 1   30초 개념

• 분수끼리의 곱셈은 분모는 분모끼리, 분자는 분자끼리 계산합니다.

$$\frac{1}{5} \times \frac{1}{3} = \frac{1 \times 1}{5 \times 3} = \frac{1}{15}$$

| $\frac{1}{5}$ | | $\frac{1}{5} \times \frac{1}{3}$ |

$$\frac{1}{5} \text{의} \quad \frac{1}{3}$$

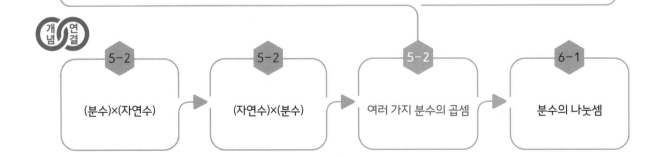

5-2	5-2	5-2	6-1
(분수)×(자연수)	(자연수)×(분수)	여러 가지 분수의 곱셈	분수의 나눗셈

step 2 설명하기

질문 ❶ $\frac{3}{4} \times \frac{2}{5}$ 에 알맞게 색칠하고 계산해 보세요.

설명하기

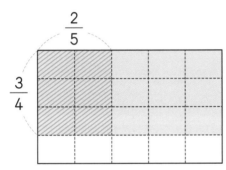

$\frac{3}{4}$ 의 $\frac{2}{5}$ ➡ $\frac{6}{20}\left(=\frac{3}{10}\right)$

$$\frac{3}{4} \times \frac{2}{5} = \frac{3 \times 2}{4 \times 5} = \frac{\overset{3}{\cancel{6}}}{\underset{10}{\cancel{20}}} = \frac{3}{10}$$

질문 ❷ $2\frac{2}{3} \times 1\frac{3}{4}$ 을 계산해 보세요.

설명하기 대분수를 가분수로 고쳐서 분자는 분자끼리, 분모는 분모끼리 곱하면

$$2\frac{2}{3} \times 1\frac{3}{4} = \frac{8}{3} \times \frac{7}{4} = \frac{8 \times 7}{3 \times 4} = 4\frac{2}{3}$$

입니다.

1 그림을 보고 ☐ 안에 알맞은 수를 써넣으세요.

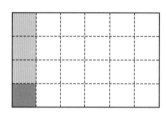

$$\frac{1}{6} \times \frac{1}{4} = \frac{1 \times 1}{\boxed{} \times \boxed{}} = \frac{1}{\boxed{}}$$

2 계산해 보세요.

(1) $\dfrac{1}{4} \times \dfrac{1}{7}$

(2) $\dfrac{1}{3} \times \dfrac{6}{11}$

(3) $1\dfrac{3}{5} \times \dfrac{5}{6}$

(4) $1\dfrac{2}{3} \times 2\dfrac{5}{8}$

3 계산 결과를 비교하여 ◯ 안에 >, =, <를 알맞게 써넣으세요.

(1) $\dfrac{5}{12} \times 1\dfrac{3}{4}$ ◯ $1\dfrac{3}{7} \times 1\dfrac{5}{9}$

(2) $\dfrac{3}{4} \times \dfrac{2}{9}$ ◯ $\dfrac{6}{7} \times \dfrac{3}{18}$

(3) $\dfrac{2}{3} \times 1\dfrac{9}{10}$ ◯ $1\dfrac{3}{5} \times 1\dfrac{1}{2}$

(4) $\dfrac{6}{13} \times 1\dfrac{5}{8}$ ◯ $\dfrac{1}{4} \times 3$

4 가로의 길이가 $1\frac{4}{5}$ cm, 세로의 길이가 $2\frac{1}{7}$ cm인 직사각형의 넓이는 몇 cm²인가요?

(   )

5 가을이네 과수원에서 사과를 어제는 전체의 $\frac{3}{4}$만큼 수확했고, 오늘은 어제의 $\frac{1}{7}$만큼 수확했습니다. 오늘 수확한 양은 전체의 얼마인가요?

(   )

step **4** 도전 문제

6 4장의 수 카드 중 2장을 골라 ☐ 안에 써넣었을 때 계산 결과가 가장 작은 곱셈식을 만들고 계산해 보세요.

$$\boxed{2} \quad \boxed{3} \quad \boxed{6} \quad \boxed{8}$$

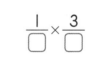

식 _____

답 _____

7 ☐ 안에 들어갈 수 있는 자연수를 모두 구해 보세요.

$$\frac{1}{4} \times \frac{1}{\boxed{}} > \frac{1}{20}$$

(   )

아기 돼지 삼 형제네 땅 물려주기

아기 돼지 삼 형제는 늑대의 공격에도 끄떡없는 벽돌집에 살고 있었다. 어느 날 집에 부모님이 찾아왔다.

"애들아, 너희에게 밭을 물려주려고 한단다. 이제는 너희들이 직접 밭을 일구어 보렴."

엄마 돼지가 덧붙여 말했다.

"땅을 공평하게 나누어 가져서 농사를 지어 봐."

똑똑한 셋째 돼지가 말했다. "그러면 밭을 $\frac{1}{3}$씩 나누면 되겠어요!"

"그렇지! 모두 열심히 밭을 갈두록 하렴." 아빠 돼지가 고개를 끄덕이며 말했디.

아기 돼지 삼 형제는 서로서로 도와 가며 열심히 자기 밭을 일구었다. 어느덧 가을이 되어 농작물을 수확하게 되었다. 모두 열심히 밭일에 매달렸지만 밭에서 얻게 되는 양은 서로 달랐다. 첫째 돼지가 가장 많이 수확했고, 그다음으로 둘째 돼지가 많은 양을 수확했다. 아기 돼지 삼 형제는 추석이 되어 부모님께 맛있는 음식으로 상을 차려 드렸다.

식사를 마치고 첫째 돼지가 말했다.

"어머니, 저희가 모두 열심히 일했지만 셋째의 수확량이 제일 적었어요. 그래서 저랑 둘째가 밭의 일부분을 막내에게 좀 더 나누어 줄까 해요."

아빠 돼지가 환하게 웃으며 말했다. "얼마나 나누어 줄 생각이니?"

둘째 돼지가 말했다.

"수확량이 가장 많은 첫째 형이 지금 밭의 $\frac{2}{7}$만큼을 주고, 두 번째로 수확량이 많은 제가 지금 밭의 $\frac{1}{7}$만큼을 막내에게 주려고 합니다."

엄마 돼지가 끄덕이며 말했다. "사이좋게 지내는 너희들을 보니 정말 기쁘구나."

둘째 돼지가 말했다.

"늑대의 공격을 받았을 때, 셋째가 지은 튼튼한 벽돌집이 없었으면 살아남지 못했을 거예요. 형제끼리 서로 돕고 살아야지요!"

이에 감동받은 셋째 돼지가 말했다.

"고마워요, 형님들!"

이날 삼 형제의 집에서는 웃음이 끊이지 않았다.

1 아기 돼지 삼형제가 각각 처음에 나누어 가진 밭은 전체의 얼마인지 써 보세요.

(   )

2 농작물 수확량이 많은 돼지부터 순서대로 기호를 써 보세요.

┌───┐
│ ㉠ 첫째 돼지   ㉡ 둘째 돼지   ㉢ 셋째 돼지 │
└───┘

(   )

3 셋째 돼지에게 밭을 나누어 주고 첫째 돼지에게 남은 밭은 전체의 얼마인지 구해 보세요.

식 _____

답 _____

4 셋째 돼지에게 밭을 나누어 주고 둘째 돼지에게 남은 밭은 전체의 얼마인지 구해 보세요.

식 _____

답 _____

5 셋째 돼지가 갖게 되는 땅은 전체의 얼마인지 구해 보세요.

식 _____

답 _____

09

합동과 대칭

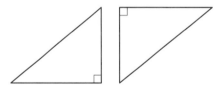

---

step 1 **30초 개념**

• 모양과 크기가 같아서 포개었을 때 완전히 겹쳐지는 두 도형을 서로 합동이라고 합니다.

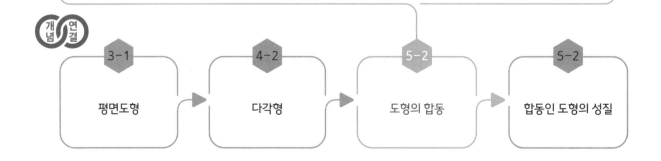

개념연결

3-1	4-2	5-2	5-2
평면도형	다각형	도형의 합동	합동인 도형의 성질

step 2 설명하기

질문 ❶ 직사각형을 잘라서 만들어 보세요.

(1) 서로 합동인 사각형 **2**개

(2) 서로 합동인 삼각형 **4**개

설명하기 ▷ (1) 예

(2) 예

질문 ❷ 서로 합동인 도형을 찾아 같은 색으로 칠해 보세요.

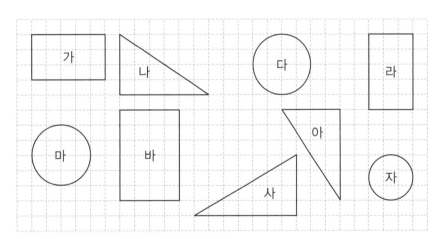

설명하기 ▷

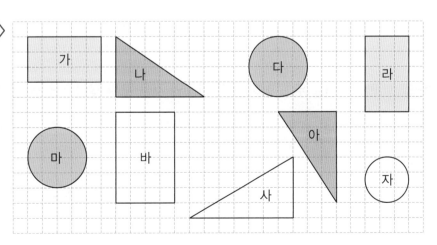

1 왼쪽 도형과 서로 합동인 도형을 모두 찾아 ◯표 해 보세요.

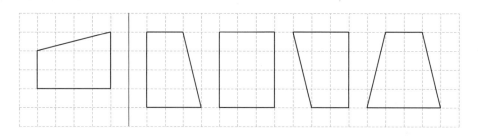

2 서로 합동인 도형을 모두 찾아 기호를 써 보세요.

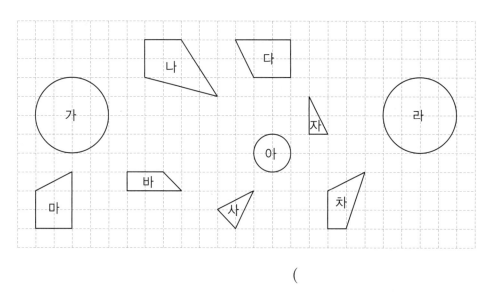

(   )

3 점선을 따라 잘랐을 때 만들어지는 두 도형이 서로 합동인 것을 모두 찾아 기호를 써 보세요.

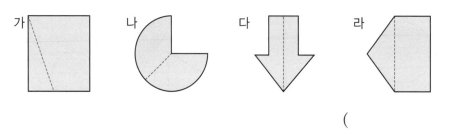

(   )

4 도형을 둘로 나누어 합동인 도형을 만들어 보세요.

(1)

(2)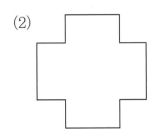

5 도형을 넷으로 나누어 합동인 도형을 만들어 보세요.

(1)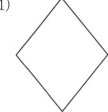

(2)

step 4 도전 문제

6 왼쪽 도형과 합동인 도형을 그려 보세요.

(1)

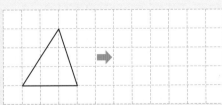

(2)

판화

판화는 도장, 발자국처럼 표현하고 싶은 대상을 판에 새겨서 찍어 내는 그림 기법[*]을 말합니다. 판화의 종류는 볼록판화, 오목판화, 평판화, 공판화 등 크게 네 가지입니다. 그중 미술 시간에 쉽게 해 볼 수 있는 볼록판화와 오목판화에 대해 조금 더 자세히 살펴보겠습니다.

볼록판화는 우리가 흔히 미술 시간에 접하게 되는 판화로, 볼록 튀어나온 부분에 잉크를 묻혀 찍는 것입니다. 지우개나 고구마에 도장을 새겨 찍는 것이나, 상자를 잘라 종이에 붙이고 튀어나온 부분에 잉크를 묻혀 찍어 내는 것 모두 볼록판화라고 할 수 있지요.

▲ 뭉크, 「키스Ⅱ」(볼록판화)

오목판화는 오목하게 들어간 부분에 잉크를 넣어 찍어 내는 방식입니다. 섬세하고 정교하게 표현할 수 있다는 장점이 있지요. 오목판화는 단단한 동판이나 아연판에 철침으로 그림을 새겨서 부식[*]시키고, 오목한 부분에 잉크를 채운 다음 표면의 잉크를 닦아 내어 종이에 찍는 것입니다.

▲ 렘브란트, 「오두막과 큰 나무가 있는 풍경」(오목판화)

오목판화와 볼록판화는 찍어서 표현해내는 간접[*] 이미지라는 특징이 있습니다. 종이에 직접 그리는 것이 아니라, 나무, 금속, 돌, 천과 같은 것에 무늬를 만들고 잉크를 찍어 종이에 표현해 내는 것이지요. 또 다른 특징은 여러 장 찍어 낼 수 있다는 것입니다. 그래서 판화를 찍어 작품을 만들고 작품에 몇 번 찍어 내었는지를 표시하기도 합니다. 판화의 세 번째 특징으로는 대부분이 거울상으로 왼쪽과 오른쪽이 바뀌어 찍힌다는 것입니다. 거울을 볼 때와 마찬가지로 작품이 찍히기 때문입니다.

＊**기법**: 기교와 방법을 아울러 이르는 말
＊**부식**: 썩어서 문드러짐.
＊**간접**: 중간에 사람이나 사물을 거쳐서 이어지는 관계

1 판화에 대한 설명으로 옳지 <u>않은</u> 것은? (   )

① 미술 시간에 쉽게 해 볼 수 있는 판화에는 볼록판화, 오목판화가 있다.

② 볼록판화는 오목하게 들어간 부분에 잉크를 묻혀 찍는다.

③ 오목판화는 섬세하고 정교하게 표현할 수 있다는 장점이 있다.

④ 여러 장 찍어 낼 수 있다.

⑤ 대부분 왼쪽과 오른쪽이 바뀌어 찍히는 거울상 작품이 만들어진다.

2 다음과 같은 방법으로 판화를 만드는 것은 어느 판화에 해당하는지 기호를 써 보세요.

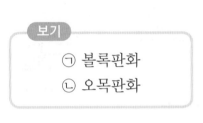

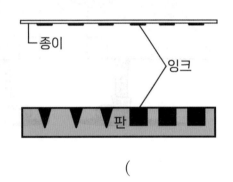

(   )

3 볼록판화의 기법을 이용하여 도장을 찍어 작품을 만들었습니다. 합동인 도형이 몇 종류인지 써 보세요.

(   )

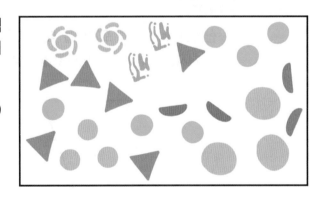

4 찍어 낸 판화의 판을 잃어버려 새로 만들려고 합니다. 작품을 보고 판에 그릴 알맞은 도형을 완성해 보세요.

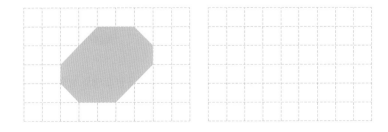

10
합동과 대칭

step 1 30초 개념

- 서로 합동인 두 도형을 포개었을 때 완전히 겹쳐지는 점을 **대응점**, 겹쳐지는 변을 **대응변**, 겹쳐지는 각을 **대응각**이라고 합니다.

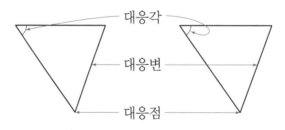

대응각

대응변

대응점

개념 연결

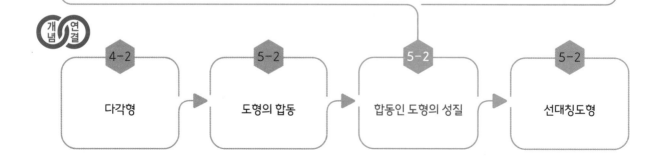

4-2	5-2	5-2	5-2
다각형	도형의 합동	합동인 도형의 성질	선대칭도형

step 2 설명하기

질문 ❶ 서로 합동인 두 도형에서 대응변의 길이와 대응각의 크기를 비교해 보고 알게 된 성질을 설명해 보세요.

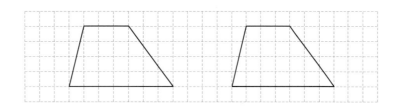

설명하기 두 사각형에서 대응변을 찾아 각각의 길이를 재어 보니 모두 같습니다.

두 사각형에서 대응각을 찾아 각각의 크기를 재어 보니 모두 같습니다.

정리하면, 서로 합동인 두 도형은 대응변의 길이가 서로 같고, 대응각의 크기도 서로 같습니다.

질문 ❷ 두 사각형은 서로 합동일 때, 다음을 구해 보세요.

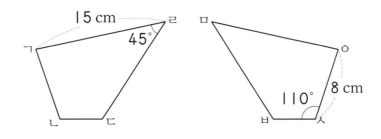

(1) 변 ㄱㄴ의 길이   (2) 각 ㅇㅁㅂ의 크기

설명하기 (1) 변 ㄱㄴ의 대응변은 변 ㅇㅅ이므로 변 ㄱㄴ의 길이는 8 cm입니다.

(2) 각 ㅇㅁㅂ의 대응각은 각 ㄱㄹㄷ이므로 각 ㅇㅁㅂ의 크기는 45°입니다.

1 두 삼각형은 서로 합동입니다. 대응점이 모두 몇 쌍인지 쓰고, 점 ㄷ의 대응점에 ○표 해 보세요.

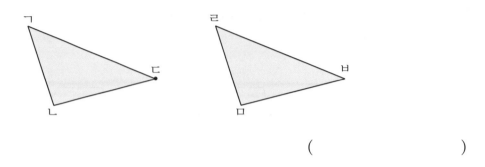

(   )

2 두 육각형은 서로 합동입니다. 각 ㄱㄴㄷ의 대응각을 써 보세요.

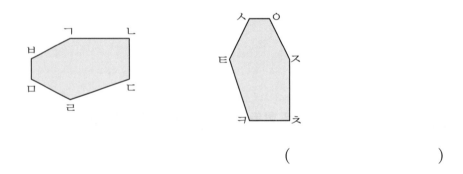

(   )

3 두 삼각형은 서로 합동입니다. 각 ㅁㄹㅂ의 크기는 몇 도인가요?

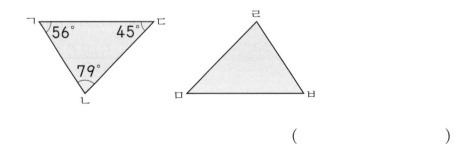

(   )

4 두 사각형은 서로 합동입니다. 변 ㅁㅇ의 길이를 구해 보세요.

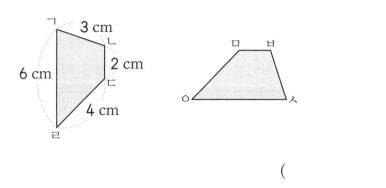

(   )

5 합동인 도형으로 이루어진 무늬가 있습니다. ★의 각의 크기는 몇 도인가요?

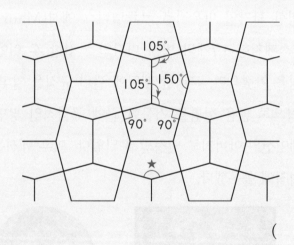

(   )

6 두 삼각형은 서로 합동입니다. □ 안에 알맞은 각의 크기를 써넣으세요.

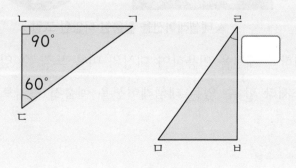

합동을 활용한 미술가, 에셔

테셀레이션이란 같은 모양을 이용해서 평면이나 공간을 빈틈이나 겹쳐지는 부분 없이 채우는 것을 말한다. 욕실의 타일이나 거리의 보도블록이 테셀레이션의 예가 되며, 벽지나 전통 문양에서도 테셀레이션을 찾아볼 수 있다. 테셀레이션을 자세히 살펴보면 사용된 도형이 합동임을 알 수 있다. 하나의 정다각형으로 테셀레이션을 꾸밀 수 있는 도형은 다음과 같이 정삼각형, 정사각형, 정육각형의 3가지이다. 도형을 한 점에 모을 때 $360°$를 만들 수 있는 도형, 즉 한 각의 크기가 $360°$의 약수인 정다각형이 이 세 도형이기 때문이다.

테셀레이션으로 유명한 화가인 마우리츠 코르넬리스 에셔(Maurits Cornelis Esher)는 폴리아라는 수학자가 스케치한 17개의 벽지 디자인을 접한 후 이에 매료되었다. 이후 폴리아의 패턴* 유형에 관심을 가졌으며, 그러한 패턴에 깔린 규칙을 알고 싶어 했다. 그는 폴리아와 하그의 논문을 바탕으로 많은 실험을 거듭한 끝에 규칙적인 평면 분할*, 즉 테셀레이션을 개발했고, 이에 테셀레이션의 아버지로 인정받게 되었다. 이후 에셔는 죽을 때까지 평면의 규칙적인 분할에 관한 법칙에 몰두했다.

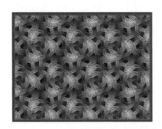 

▲ 테셀레이션을 활용한 다양한 그림

에셔는 반복되는 기하학 패턴을 이용하여 대칭의 미를 느낄 수 있는 테셀레이션 작품을 많이 남겼고, 수학적 소재라 할 수 있는 테셀레이션을 예술적 경지로 발전시켰다는 평을 받는다.

＊**패턴**: 일정한 형태나 양식 또는 유형
＊**분할**: 나누어 쪼갬.

1 다음 중 테셀레이션을 찾아 기호를 써 보세요.

> ㉠ 정오각형 도형이 겹쳐지도록 그리는 모습
> ㉡ 정사각형 도형을 일정하게 바닥에 까는 모습
> ㉢ 원 도형 바닥에 빈틈이 생기도록 바닥에 까는 모습

(   )

2 합동인 도형 한 종류로 테셀레이션을 꾸밀 수 <u>없는</u> 정다각형을 모두 고르세요.
(   )

① 정삼각형   ② 정사각형   ③ 정오각형
④ 정육각형   ⑤ 정칠각형

3 합동인 오각형으로 만든 테셀레이션입니다. 색칠한 도형에서 각 ㄱㄴㄷ의 대응각을 찾아 각 표시를 해 보세요.

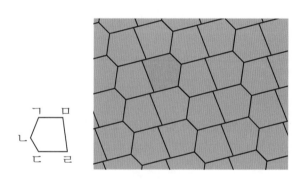

4 합동인 정다각형은 모두 몇 종류인지 찾아 써 보세요.

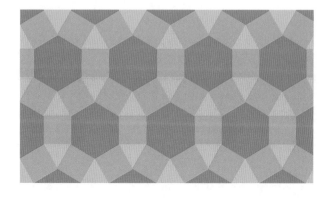

(   )

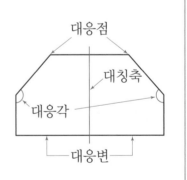

step 1 · 30초 개념

• **선대칭도형과 대칭축**
한 직선을 따라 접었을 때 완전히 겹쳐지는 도형을 선대칭도형이라고 합니다. 이때 그 직선을 대칭축이라고 합니다.
대칭축을 따라 접었을 때 겹쳐지는 점을 대응점, 겹쳐지는 변을 대응변, 겹쳐지는 각을 대응각이라고 합니다.

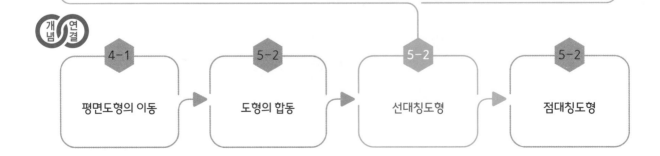

개념연결

4-1	5-2	5-2	5-2
평면도형의 이동	도형의 합동	선대칭도형	점대칭도형

step 2 설명하기

질문 ❶ 선대칭도형을 찾아 대칭축을 그리고 대칭축이 두 개 이상인 도형을 모두 찾아보세요.

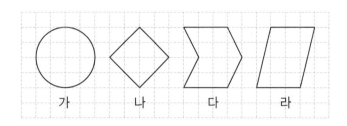

설명하기

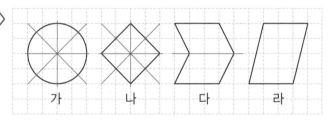

대칭축이 두 개 이상인 도형은 가, 나입니다.
가 도형(원)은 대칭축이 무수히 많습니다.

질문 ❷ 선대칭도형을 보고 선대칭도형의 성질을 설명해 보세요.

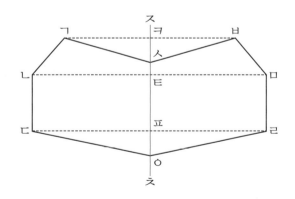

설명하기 선대칭도형은 각각의 대응변의 길이가 같습니다.
선대칭도형은 각각의 대응각의 크기가 같습니다.
대칭축으로 접었을 때 서로 합동입니다.
선대칭도형의 대응점끼리 이은 선분은 대칭축과 수직으로 만납니다.

1 선대칭도형을 모두 찾아 기호를 쓰고 대칭축을 그려 보세요.

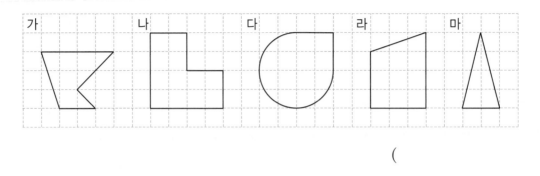

(   )

2 직선 ㅈㅊ을 대칭축으로 하는 선대칭도형입니다. ☐ 안에 대응점과 대응변, 대응각을 각각 써넣으세요.

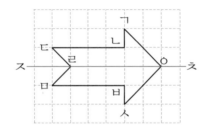

(1) 점 ㅁ의 대응점은 점 ☐ 입니다.

(2) 변 ㄱㅇ의 대응변은 변 ☐ 입니다.

(3) 각 ㄴㄷㄹ의 대응각은 각 ☐ 입니다.

[**3 ~ 4**] 선대칭도형의 대칭축을 그리고, ☐ 안에 알맞은 수를 써넣으세요.

3

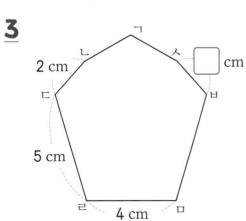

☐ cm

4

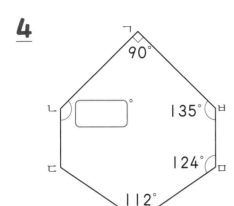

5 선대칭도형의 성질을 이용하여 선대칭도형을 완성해 보세요.

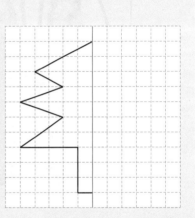

6 직선 ㄱㄴ을 대칭축으로 하는 선대칭도형입니다. □ 안에 알맞은 수를 써넣으세요.

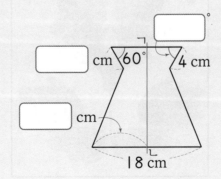

데칼코마니

데칼코마니는 유리판이나 종이에 물감을 칠하고, 그 위에 다른 종이 등을 덮어 누르거나 문지른 다음, 떼어 내는 미술 기법이다. 오스카르 도밍게스(Oscar Dominguez, 1906~1958)가 만들어 냈다고 하는데 그 어원*은 프랑스어 '옮기다'이다.

미술 시간에 데칼코마니 기법으로 작품을 만들어 보았을 것이다. 먼저, 도화지를 반으로 접고 다시 편다. 접는 방향은 다양하게 나올 수 있다. 이후 한쪽에만 물감을 칠하고, 종이를 다시 접어 준다. 접은 종이를 잘 누르고 문지른 다음 떼어 내면 물감 얼룩이 반대쪽에 묻는다. 도장의 원리와 같지만 그림을 반만 그린 다음 접어서 다른 반쪽을 만드느 모습에서 선대칭도형을 찾을 수 있다. 이때 반으로 접은 선이 대칭축이 된다.

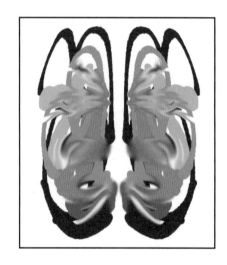
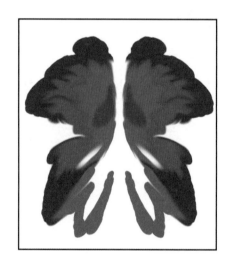

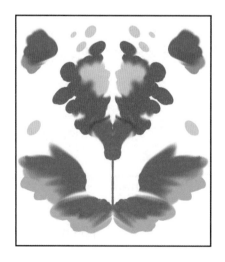

*어원: 어떤 말이 생겨난 근원

1 이 글에서 설명하고 있는 미술 표현 기법은? (   )

① 콜라주　　　　　② 데칼코마니　　　　　③ 공판화
④ 프로타주　　　　　⑤ 모자이크

2 다음 미술 기법에서 찾을 수 있는 도형의 기호를 써 보세요.

보기

　㉠ 점대칭도형
　㉡ 선대칭도형

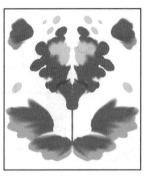

(   )

3 다음 그림에서 대칭의 중심을 찾아 대칭축을 그어 보세요.

　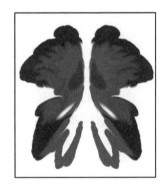　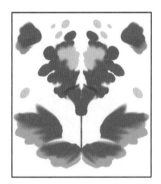

4 데칼코마니와 같은 선대칭도형의 성질을 활용하여 그림을 완성해 보세요.

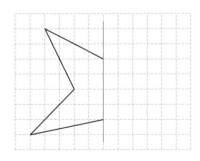

12 합동과 대칭

점대칭도형

step 1 30초 개념

- 점대칭도형과 대칭의 중심

한 도형을 어떤 점을 중심으로 180° 돌렸을 때 처음
도형과 완전히 겹쳐지면 이 도형을 점대칭도형이라고
합니다. 이때 그 점을 대칭의 중심이라고 합니다.
대칭의 중심을 중심으로 180° 돌렸을 때 겹쳐지는
점을 대응점, 겹쳐지는 변을 대응변, 겹쳐지는 각을 대응각
이라고 합니다.

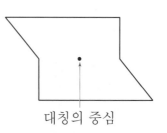

대칭의 중심

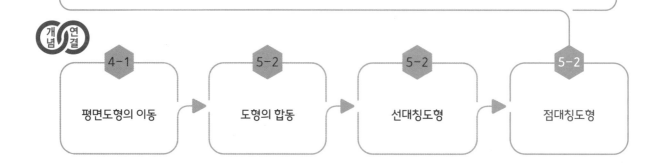

개념 연결

4-1	5-2	5-2	5-2
평면도형의 이동	도형의 합동	선대칭도형	점대칭도형

step 2 설명하기

질문 ❶ 점대칭도형을 모두 찾아 기호를 써 보세요.

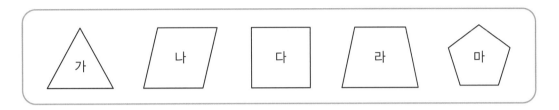

설명하기 점대칭도형은 나, 다입니다.
가, 라, 마는 180° 돌렸을 때 처음 도형과 완전히 겹쳐지지 않습니다.

질문 ❷ 점대칭도형을 보고 점대칭도형의 성질을 설명해 보세요.

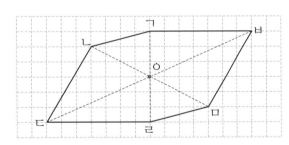

설명하기 점대칭도형에서 각각의 대응변의 길이가 서로 같습니다.
점대칭도형에서 각각의 대응각의 크기가 서로 같습니다.
점대칭의 중심은 대응점끼리 이은 선분을 둘로 똑같이 나눕니다.

1 점대칭도형을 모두 찾아 써 보세요.

(   )

2 점대칭도형을 찾아 대칭의 중심에 · 으로 표시해 보세요.

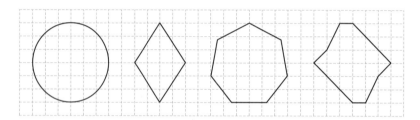

3 점 ㅇ을 대칭의 중심으로 하는 점대칭도형입니다. ☐ 안에 대응점과 대응변, 대응각을 각각 써넣으세요.

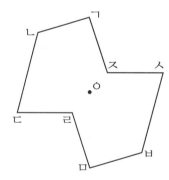

(1) 점 ㄷ의 대응점은 점 ☐ 입니다.

(2) 변 ㄱㄴ의 대응변은 변 ☐ 입니다.

(3) 각 ㄹㅁㅂ의 대응각은 각 ☐ 입니다.

4 점대칭도형의 성질을 이용하여 점대칭도형을 완성해 보세요.

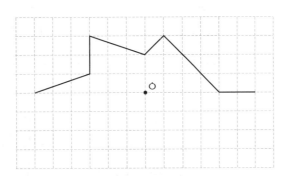

step **4** 도전 문제

5 점대칭도형입니다. 점대칭도형의 둘레의 길이는 몇 cm인지 구해 보세요.

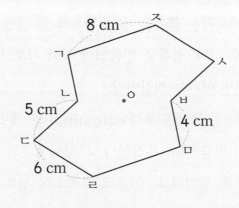

( )

6 선대칭도형도 되고 점대칭도형도 되는 도형을 모두 찾아 기호를 써 보세요.

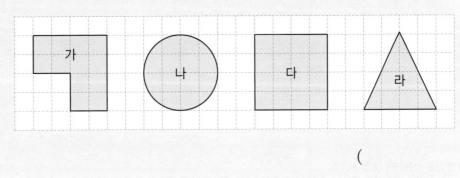

( )

테트리스

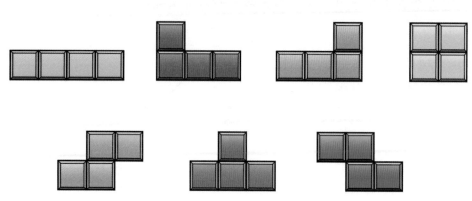

　　테트리스는 4개의 사각형으로 만든 7가지 블록인 테트로미노 도형을 쌓는 게임이다. 게임에서 4개의 사각형으로 이루어진 이 블록들은 무작위로 나타나 바닥과 블록 위에 떨어진다. 플레이어는 블록이 내려가는 위치를 왼쪽과 오른쪽으로 이동할 수 있으며, 90°씩 회전시켜서 모양을 바꿀 수 있다. 내려가는 블록을 쌓아 가로로 한 줄을 꽉 채우면 그 줄이 사라지고 더 오랫동안 게임을 즐길 수 있다. 블록을 빈틈없이 쌓아 가로로 많은 줄을 만들고 줄을 많이 사라지게 하면서 오래 버티면 이기는 게임이다.

　　이 게임은 전통 퍼즐 게임인 '펜토미노(Pentomino)'를 개량한 것이다. 펜토미노는 5개의 사각형으로 만든 도형인 만큼 다소 복잡했다. 그래서 4개의 사각형으로 만든 '테트로미노(Tetromino)'를 사용하도록 개량하고, 이름도 그리스어 접두사 'Tetra-(4개의)'에서 따온 '테트리스'로 지은 것이다.

　　테트리스 게임을 잘하기 위해서는 블록 도형에 대해 탐구하는 것이 좋다. 90°씩 돌렸을 때 어떤 모양이 나오는지, 한 줄을 꽉 채우기 위해서는 블록끼리 어떻게 조합하는 것이 좋은지 요리조리 탐구해 보면 훨씬 더 신나게 게임을 즐길 수 있다.

*개량: 나쁜 점을 보완하여 더 좋게 고침.
*접두사: 어떤 단어의 앞에 붙어 새로운 단어가 되게 하는 말 ⑩ '짓누르다'의 '짓'

1 이 글에서 이야기하고 있는 게임으로 알맞은 것은? (　　　　)

① 바둑 　　　　　② 체스 　　　　　③ 테트리스

④ 지뢰 찾기 　　　⑤ 고무줄놀이

2 테트리스 게임에 사용되는 블록은 모두 몇 종류인지 써 보세요.

(　　　　　　　　　)

3 테트리스 게임에 사용되는 블록 중 선대칭도형을 찾아 ○표 해 보세요.

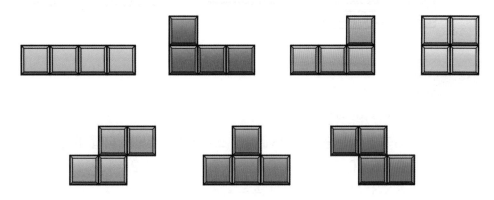

4 테트리스 게임에 사용되는 블록 중 점대칭도형을 찾아 ○표 해 보세요.

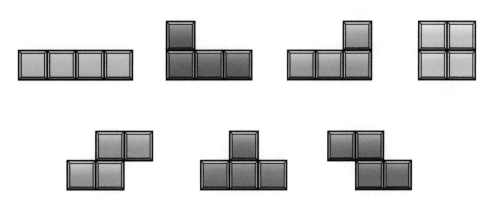

13
소수의 곱셈

step 1 **30초 개념**

- (소수)×(자연수)의 계산 방법
  ① (소수)×(자연수)는 곱셈의 뜻에 따라 소수를 자연수만큼 더합니다.
$$0.2 \times 6 = 0.2 + 0.2 + 0.2 + 0.2 + 0.2 + 0.2 = 1.2$$
$$1.4 \times 3 = 1.4 + 1.4 + 1.4 = 4.2$$
  ② (소수)×(자연수)의 소수에서 0.1의 개수로 계산합니다.
$$0.2 \times 6 = 0.1 \times 2 \times 6 = 0.1 \times 12 \quad \rightarrow 0.1이\ 12개$$
  ③ (소수)×(자연수)의 소수를 분수로 고쳐서 계산합니다.
$$0.2 \times 6 = \frac{2}{10} \times 6 = \frac{12}{10} = 1.2$$

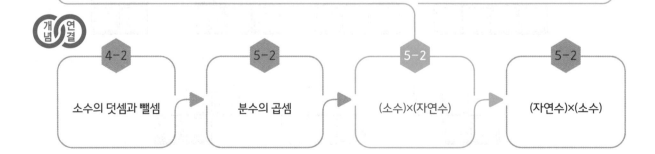

개념 연결

4-2	5-2	5-2	5-2
소수의 덧셈과 뺄셈	분수의 곱셈	(소수)×(자연수)	(자연수)×(소수)

step 2 설명하기

질문 ❶ 0.2×6을 0.1의 개수를 이용하여 계산해 보세요.

설명하기 0.2는 0.1이 2개이므로 0.2×6은 0.1이 2×6=12(개)입니다.

0.1이 12개 있으면 1.2이므로

0.2×6=1.2

입니다.

질문 ❷ 1.4×3을 소수를 분수로 고쳐서 계산해 보세요.

설명하기 1.4를 분수로 고치면 $\frac{14}{10}$이므로

$$1.4 \times 3 = \frac{14}{10} \times 3 = \frac{14 \times 3}{10} = \frac{42}{10} = 4.2$$

입니다.

1.4는 0.1이 14개이므로 1.4×3은 0.1이 14×3=42(개)입니다.

0.1이 42개 있으면 4.2이므로

1.4×3=4.2

입니다.

1 0.6×4를 3가지 방법으로 계산해 보세요.

(1) 0.6×4＝0.6＋□＋□＋□＝□

(2) $0.6 \times 4 = \dfrac{\boxed{}}{10} \times 4 = \dfrac{\boxed{} \times \boxed{}}{10} = \dfrac{\boxed{}}{10} = \boxed{}$

(3) 0.6은 0.1이 □개입니다.

　　0.6×4는 0.1이 □개씩 □묶음입니다.

　　0.1이 모두 □개이므로 0.6×4＝□입니다.

2 그림을 보고 계산해 보세요.

(1)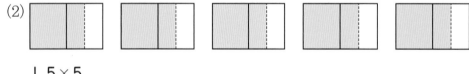

　　0.7×3

(2)

　　1.5×5

3 분수의 곱셈으로 계산해 보세요.

(1) $0.6 \times 3 = \dfrac{\boxed{}}{10} \times 3 = \dfrac{\boxed{} \times 3}{10} = \dfrac{\boxed{}}{10} = \boxed{}$

(2) $0.14 \times 2 = \dfrac{\boxed{}}{100} \times 2 = \dfrac{\boxed{} \times 2}{100} = \dfrac{\boxed{}}{100} = \boxed{}$

4 계산해 보세요.

(1) 0.7×6

(2) 0.4×5

(3) 1.8×4

(4) 2.5×6

5 계산 결과를 비교하여 ◯ 안에 $>$, $=$, $<$를 알맞게 써넣으세요.

(1) 0.86×7 ◯ 1.3×5

(2) 1.45×6 ◯ 2.4×3

(3) 0.53×5 ◯ 0.3×8

(4) 3.7×3 ◯ 4.9×2

6 계산 결과가 3보다 큰 것을 모두 찾아 기호를 써 보세요.

| ㉠ 0.9×4 | ㉡ 1.2×2 | ㉢ 0.5×4 | ㉣ 2.6×2 |

( )

step ④ 도전 문제

7 가을이는 매일 1.5시간씩 책을 읽었습니다. 가을이가 일주일 동안 책을 읽은 시간은 몇 시간 몇 분인가요?

( )

8 우리나라 돈 1000원은 미국 화폐 0.75달러로 바꿀 수 있습니다. 우리나라 돈 5000원은 미국 화폐 몇 달러로 바꿀 수 있나요?

( )

환율

환율이란 외국 돈과 우리나라 돈을 바꾸는 비율을 말한다. 예컨대 환율이 1달러당 1000원이면, 이는 우리나라 돈 1000원과 미국 돈 1달러를 바꿀 수 있다는 의미이다. 이때 1달러당 1300원이 되면 환율이 오른 것이고, 반대로 1달러당 800원이 되면 환율이 내린 것이다. 환율은 항상 일정한 것이 아니라 외국 돈의 수요*와 공급*에 따라 결정된다.

하나의 물건이 세계 어디에서나 똑같다는 가정을 하고 단순하게 생각해 보자. 햄버거 한 개 가격이 미국에서 1달러, 우리나라에서 1000원일 때 환율은 달러당 1000원이다. 이렇게 달러화를 기준으로 원화의 단위 수를 나타내는 방법을 자국 통화 표시법이라고 한다.

자국 통화 표시법에서 달러당 원화 금액이 커지면 원화 환율은 상승하고 원화 가치는 하락한다. 달러당 요구되는 금액이 커지기 때문이다. 반면, 원화를 기준으로 달러의 단위 수를 나타내는 것은 외국 통화 표시법이라고 한다. 우리나라 돈을 달러로 살 때 얼마를 지불해야 하는지 나타내는 것으로, 달러를 다시 우리나라 돈으로 바꿀 때 필요한 수치이다. 이때 원화를 사는 달러의 가격이 올라가면 우리나라 돈의 가치는 올라간다고 할 수 있다. 마찬가지로 햄버거 한 개 가격이 미국에서 1달러, 우리나라에서 1000원이라면 원당 0.001달러라고 표현하는 방식이다.

오늘의 환율 EXCHANGE RATES		
현찰 CASH		
통 화	사실때	파실때
미 국 USD 1달러	1155.98	1116.22
일 본 JPY 100엔	1043.39	1007.51
유럽연합 EUR 1유로	1301.10	1250.58
중 국 CNY 1위안	177.06	160.20

＊**수요**: 사려고 하는 것
＊**공급**: 제공하는 것

1 환율에 대한 설명으로 옳지 <u>않은</u> 것은? (　　　　)

① 환율은 외국 돈의 수요와 공급에 따라 결정된다.

② 환율은 한번 결정되면 바뀌지 않는다.

③ 우리나라에서 환율이 올랐다고 하면 원화의 가치가 떨어진 것이다.

④ 우리나라는 자국 통화 표시법을 사용한다.

⑤ 달러를 우리나라 돈으로 바꿀 때 더 많은 달러가 필요해졌다면 원화 가치가 상승한 것이다.

2 오늘 달러 환율이 1155.98입니다. 10달러를 사려면 우리나라 돈이 얼마 있어야 하는지 구해 보세요.

식 _____

답 _____

3 오늘 유로 환율이 1301.10입니다. 5유로를 사려면 우리나라 돈이 얼마 있어야 하는지 구해 보세요.

식 _____

답 _____

4 오늘 중국 위안 환율이 1770.06입니다. 70위안을 사려면 우리나라 돈이 얼마 있어야 하는지 구해 보세요. (단, 17706×7=123942입니다.)

식 _____

답 _____

- (자연수)×(소수)의 계산 원리

  2 kg의 0.5만큼은 2 kg의 0.5배(2×0.5) 또는 2 kg의 반입니다.

  2 kg의 0.6만큼은 2×0.6과 같습니다.

  $$2 \times 0.6 = 1.2$$

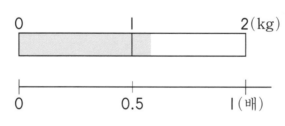

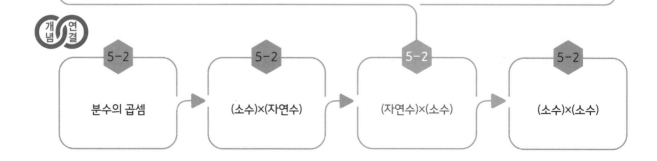

분수의 곱셈 ▶ (소수)×(자연수) ▶ (자연수)×(소수) ▶ (소수)×(소수)

step 2   설명하기

질문 ❶   2×0.6을 소수를 분수로 고쳐서 계산해 보세요.

설명하기   소수 0.6을 분수로 고치면 $\dfrac{6}{10}$ 이므로

$$2×0.6=2×\dfrac{6}{10}=\dfrac{6×2}{10}=\dfrac{12}{10}=1.2$$

입니다.

질문 ❷   5×2.5를 5×25=125임을 이용하여 계산해 보세요.

설명하기   5×25=125이고 2.5는 25의 $\dfrac{1}{10}$ 이므로 5×2.5는 125의 $\dfrac{1}{10}$ 과 같습니다.

그러므로 5×2.5=12.5입니다.

분수를 이용하여 5×2.5를 계산할 수 있습니다.

$$5×2.5=5×\dfrac{25}{10}=\dfrac{5×25}{10}=\dfrac{125}{10}=12.5$$

1 보기 와 같은 방법으로 계산해 보세요.

> 보기
>
> | 방법 1 분수의 곱셈을 이용하는 방법 | 방법 2 자연수의 곱셈을 이용하는 방법 |
> |---|---|
> | $4 \times 0.6 = 4 \times \dfrac{6}{10} = \dfrac{24}{10}$ $= 2\dfrac{4}{10} = 2.4$ | $4 \times 6 = 24$ 4×0.6은 4×6의 $\dfrac{1}{10}$배 ➡ 2.4 |

6×0.7	
방법 1	방법 2

2 자연수의 곱셈을 계산한 값을 보고 식을 계산해 보세요.

> $3 \times 35 = 105$
> $2 \times 45 = 90$

(1) 3×3.5 (2) 2×0.45

3 계산해 보세요.

(1) 11×0.2 (2) 3×1.8

(3) 5×3.74 (4) 4×3.25

4 계산 결과가 큰 것부터 순서대로 기호를 써 보세요.

> ㉠ 4×3.7 ㉡ 12×1.4 ㉢ 15×0.7 ㉣ 10×0.78

(   )

5 계산 결과가 5보다 큰 것을 찾아 기호를 써 보세요.

> ㉠ 4×1.5 ㉡ 2×2.1 ㉢ 3×2.24 ㉣ 5×0.9

(   )

step 4   도전 문제

6 여름이는 16×2.54의 계산 결과를 다음과 같이 설명했습니다. 밑줄된 부분을 찾아 바르게 설명해 보세요.

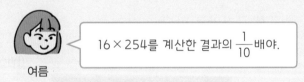

여름

16×254를 계산한 결과의 $\dfrac{1}{10}$배야.

설명

7 전년도에 비해 물가가 1.3배 올랐습니다. 800원짜리 공책은 몇 원이 되었을지 구해 보세요.

(   )

달에서의 몸무게

어떤 물체가 받는 중력[*]의 크기를 우리는 무게라고 한다. 몸무게란 우리 몸을 지구가 잡아당기는 중력의 크기로, 몸무게가 무거운 사람은 가벼운 사람에 비해 지구가 잡아당기는 힘이 센 것으로 생각할 수 있다. 무게를 표현할 때 일상생활에서는 g(그램)이나 kg(킬로그램)을 주로 사용하는데, g과 kg은 물질의 양을 나타내는 질량의 단위이므로 정확한 무게의 단위는 g과 kg 뒤에 힘이라는 의미의 F를 붙인 gF(그램힘)이나 kgF(킬로그램힘)이다.

한편, 천체[*]가 그 천체 주변의 물체를 끌어당기는 힘은 천체의 질량이 클수록, 천체의 반지름이 작을수록 크다. 달의 중력의 크기는 지구 중력의 크기의 0.16배이다. 지구와 달의 중력의 크기가 다르기 때문에 같은 물체라도 지구에서 측정한 무게와 달에서 측정한 무게는 서로 다르다.

사실 같은 이유로 지구에서도 중력의 크기는 미세하게 다 다르다. 같은 물체라도 높은 산 위에서 무게를 측정하면 산 아래에서 측정할 때와 다른 값이 나온다. 산 위로 올라가면 지구 반지름보다 거리가 더 멀어지기 때문에 산 아래에서 측정할 때보다 무게가 가벼워지는 것이다. 이처럼 지구의 표면에서 멀어질수록 중력의 크기는 작아지고, 지구의 표면으로부터 지구 반지름인 6400 km만큼 떨어진 곳에서는 지구의 중력이 0.25로 작아진다.

무게를 측정하는 장소 주변의 땅을 구성하는 물질에 따라서도 중력값은 달라진다. 호주와 독일의 공동 연구팀의 연구에 따르면 지구의 중력이 가장 작은 곳은 페루의 우아스카란산 정상이며, 가장 큰 곳은 북극점 근처라고 한다.

출처: 교육부 공식 블로그
(https://if-blog.tistory.com/524)

＊**중력**: 지구가 끌어당기는 힘
＊**천체**: 우주에 있는 모든 물체

1 이 글의 내용으로 옳지 <u>않은</u> 것은? (   )

① 중력은 위치에 따라 다르다.

② 달과 지구의 중력은 다르다.

③ 지구보다 달에서 무게가 더 가볍다.

④ 지구의 중력은 높은 산 위보다 북극점 근처가 더 작다.

⑤ 지구의 표면으로부터 6400 km만큼 떨어진 곳에서는 지구의 중력이 0.25로 작아진다.

2 ◯ 안에 >, =, <를 알맞게 써넣으세요.

| 지구에서 잰 몸무게 | ◯ | 달에서 잰 몸무게 |

3 중력이 가장 큰 곳을 찾아 ◯표 해 보세요.

페루의 높은 산 정상   달   지구의 북극점 근처

4 지구에서 몸무게가 45 kg인 친구가 달에서 몸무게를 재면 몸무게는 몇 kg이 되는지 구해 보세요.

식 _____

답 _____

5 평지에서 몸무게가 38 kg인 친구가 지구 표면에서 6400 km만큼 떨어진 높은 산에서 몸무게를 재면 몸무게는 몇 kg이 되는지 구해 보세요.

식 _____

답 _____

15 소수의 곱셈

(소수)×(소수)

step 1 30초 개념

- 소수를 분수로 고쳐 (소수)×(소수)를 계산할 수 있습니다.

$0.8 = \dfrac{8}{10}$, $0.9 = \dfrac{9}{10}$ 이므로

$$0.8 \times 0.9 = \dfrac{8}{10} \times \dfrac{9}{10}$$

$$= \dfrac{8 \times 9}{10 \times 10}$$

$$= \dfrac{72}{100} = 0.72$$

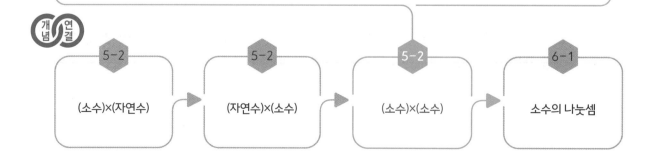

step 2 설명하기

질문 ❶ 0.8×0.9를 자연수의 곱셈을 이용하여 계산해 보세요.

$$8 \times 9 = 72$$
$$\searrow \tfrac{1}{10}배 \searrow \tfrac{1}{10}배 \searrow \boxed{}배$$
$$0.8 \times 0.9 = \boxed{}$$

설명하기

$$8 \times 9 = 72$$
$$\searrow \tfrac{1}{10}배 \searrow \tfrac{1}{10}배 \searrow \boxed{\tfrac{1}{100}}배$$
$$0.8 \times 0.9 = \boxed{0.72}$$

8과 9의 곱은 72입니다. 그런데 0.8은 8의 $\dfrac{1}{10}$ 배이고, 0.9는 9의 $\dfrac{1}{10}$ 배이

므로 곱셈의 결과는 72의 $\dfrac{1}{100}$ 배가 되어야 하므로 0.72가 됩니다.

질문 ❷ 1.5×1.2를 소수를 분수로 고쳐서 계산해 보세요.

설명하기 $1.5 = \dfrac{15}{10}$, $1.2 = \dfrac{12}{10}$ 이므로

$$1.5 \times 1.2 = \dfrac{15}{10} \times \dfrac{12}{10} = \dfrac{15 \times 12}{10 \times 10} = \dfrac{180}{100} = 1.8$$

HONEY 꿀팁

(소수)×(소수)의 계산에서는 곱하는 소수의 소수점 아래 자리 수가 하나씩 늘어날 때마다 곱의 소수점이 왼쪽으로 한 자리씩 옮겨집니다. 따라서 곱하는 두 수의 소수점 아래 자리 수를 더한 값만큼 곱의 소수점 아래 자리 수가 정해집니다.

1 소수를 분수로 고쳐서 계산해 보세요.

(1) 0.7×0.4

(2) 1.2×1.7

2 자연수의 곱셈식을 보고 계산해 보세요.

$$41 \times 75 = 3075$$
$$584 \times 225 = 131400$$

(1) 4.1×7.5

(2) 0.41×7.5

(3) 5.84×2.25

(4) 58.4×22.5

3 계산해 보세요.

(1) 0.8×0.4

(2) 0.3×1.5

(3) 1.4×0.5

(4) 1.6×2.3

(5)
$$\begin{array}{r} 2.3 \\ \times\ 0.03 \\ \hline \end{array}$$

(6)
$$\begin{array}{r} 13.1 \\ \times\ 8.02 \\ \hline \end{array}$$

4 등식이 성립하도록 계산 결과의 알맞은 곳에 소수점을 찍어 보세요.

$$4.86 \times 8.5 = 4 \mid 3 \mid 0$$

5 계산 결과를 비교하여 ◯ 안에 >, =, <를 알맞게 써넣으세요.

(1) 1.7×0.9 ◯ 1.7

(2) 3.4×1.2 ◯ 3.4

(3) 0.6×0.8 ◯ 1.2×0.4

(4) 0.2×0.9 ◯ 0.1

step 4 도전 문제

6 직사각형의 넓이는 몇 m²인가요?

1.9 m

0.6 m

( )

7 가장 큰 수와 가장 작은 수의 곱을 구해 보세요.

| 0.12 | 0.22 | 0.35 | 0.7 | 1.2 |

( )

다양한 길이의 단위

길이의 단위는 물체의 크기나 거리를 측정할 때 사용되는 값이다. 오늘날은 미터법에 따라 통일된 길이의 단위를 사용하지만, 나라별로 익숙하게 사용되어 온 길이 단위도 여전히 쓰이고 있다. 골프에서 야드를 쓴다거나, 옷을 살 때 허리둘레를 인치로 표현하는 경우가 그렇다. 또 영국 영화를 보면 사람의 키를 피트로 표현하기도 한다. 여전히 사용되는 길이의 단위를 포함하여 길이의 단위에 어떤 것들이 있는지 살펴보자.

1. 미터(m): 미터법에 따른 기본적인 길이의 단위이다. 빛이 $\dfrac{1}{299792458}$초 동안 진행하는 거리를 미터로 정의한다.

2. 센티미터(cm): 1 미터(m)의 0.01인 단위로서, 생활용품 대부분의 크기나 길이를 나타내는 데 사용된다.

3. 밀리미터(mm): 1 미터(m)의 0.001인 단위로서, 작은 물건, 정밀한 기계 부품의 크기나 길이를 나타내는 데 사용된다.

4. 킬로미터(km): 1000미터(m)로 이루어진 단위로서, 거리가 멀거나 광활한 지역을 표시하는 데 사용된다.

5. 인치(inch): 영미권에서 사용되는 길이의 단위로, 1인치는 약 2.5 cm이다. 옷을 만들고 수치를 잴 때 많이 사용되며 오늘날 바지나 치마의 허리둘레를 나타낼 때 인치를 많이 사용한다.

6. 피트(feet): 영미권에서 사용되는 길이의 단위로, 1피트는 약 30.5 cm이다. 피트는 발의 길이인데, 영미권 사람들의 발의 길이라서 그런지 굉장히 길다. 3피트는 1야드가 된다.

7. 야드(yard): 영미권에서 사용되는 길이의 단위로, 1야드는 약 91.4 cm이다. 가슴 한가운데부터 손가락 끝까지의 길이를 말하는데, 영국의 왕 헨리 1세가 정한 길이라고 한다. 대략 키가 큰 성인 남성의 경우 키의 반 정도가 된다.

8. 마일(mile): 영미권에서 사용되는 길이의 단위로, 1마일은 약 1.6 km이다. 로마 시대 병사들이 걷는 걸음으로 2000보 정도의 길이이다.

1 길이의 단위가 <u>아닌</u> 것은? (   )

① 피트　　　　　② 마일　　　　　③ 온즈
④ 인치　　　　　⑤ 야드

2 보기 에서 설명하는 길이의 단위가 무엇인지 써 보세요.

> 보기
>
> 로마 시대 병사들이 걷는 걸음으로 2000보 정도의 길이이다. 오늘날 km로 환산하여 사용할 정도로 긴 거리를 나타낼 때 사용한다.

(   )

3 허리둘레 24.5인치는 약 몇 cm인지 구해 보세요.

식 _____

답 _____

4 골프 선수가 골프공을 쳐서 120야드를 날려 보냈습니다. 골프공을 약 몇 m 날려 보낸 것인지 구해 보세요. (단, 12×914=10968입니다.)

식 _____

답 _____

5 휴게소까지의 거리를 알려 주는 미국의 도로 표지판입니다. 휴게소까지 약 몇 km 남았는지 구해 보세요.

식 _____

답 _____

직육면체와 정육면체

• 직사각형 6개로 둘러싸인 도형을 직육면체, 정사각형 6개로 둘러싸인 도형을 정육면체라고 합니다.

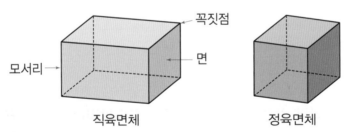

직육면체에서 선분으로 둘러싸인 부분을 면이라고 하고, 면과 면이 만나는 선분을 모서리라고 합니다. 또 모서리와 모서리가 만나는 점을 꼭짓점이라고 합니다.

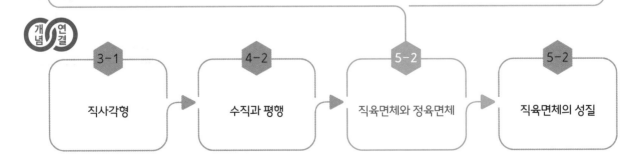

3-1	4-2	5-2	5-2
직사각형	수직과 평행	직육면체와 정육면체	직육면체의 성질

step 2 설명하기

질문 ❶ 직육면체와 정육면체를 보고 빈칸에 알맞은 수나 말을 써넣으세요.

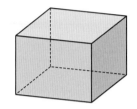 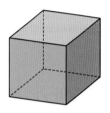

	면의 모양	면의 수	모서리의 수	꼭짓점의 수
직육면체				
정육면체				

설명하기

	면의 모양	면의 수	모서리의 수	꼭짓점의 수
직육면체	직사각형	6	12	8
정육면체	정사각형	6	12	8

질문 ❷ 직육면체와 정육면체의 공통점과 차이점을 찾아보세요.

설명하기 면의 수가 모두 6개로 같습니다.
모서리의 수가 모두 12개로 같습니다.
꼭짓점의 수가 모두 8개로 같습니다.
면의 모양이 직육면체는 직사각형, 정육면체는 정사각형입니다.
직육면체는 모서리의 길이가 다를 수 있지만 정육면체는 모서리의 길이가 모두 같습니다.

1 직육면체와 정육면체입니다. 각 부분의 이름을 ☐ 안에 알맞게 써넣으세요.

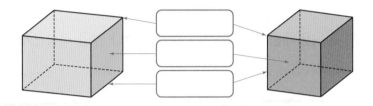

2 직육면체를 모두 찾아 기호를 써 보세요.

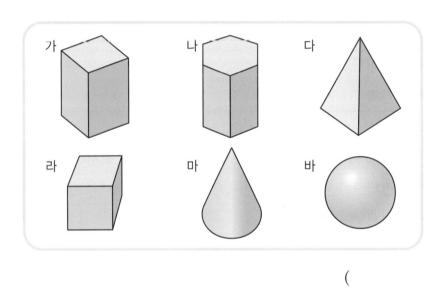

(   )

3 가을이, 봄, 겨울이 중 정육면체와 직육면체를 <u>틀리게</u> 설명한 사람은 누구인가요?

가을: 정육면체는 직육면체라고 할 수도 있어.

봄: 정육면체와 직육면체의 모서리의 개수는 같아.

겨울: 정육면체와 직육면체의 꼭짓점의 개수는 다르지.

(   )

4 주어진 정육면체에서 보이는 면, 보이는 모서리, 보이는 꼭짓점의 수를 모두 합한 수를 써 보세요.

(   )

5 겨울이와 여름이 중 오른쪽 도형이 직육면체가 <u>아닌</u> 이유를 바르게 설명한 사람은 누구인가요?

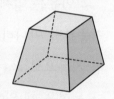

직육면체는 6개의 면이 직사각형이어야 하는데, 두 면이 정사각형이기 때문입니다.

겨울

직육면체는 6개의 면이 직사각형이어야 하는데, 네 면이 사다리꼴이기 때문입니다.

여름

(   )

6 모서리의 길이가 5 cm인 정육면체 주사위가 있습니다. 이 주사위의 모서리의 합은 몇 cm인가요?

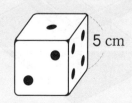

5 cm

(   )

건물이 정육면체가 아닌 직육면체인 이유

주변을 둘러보면 건물의 모양이 대부분 정육면체가 아니라 직육면체라는 것을 알 수 있다. 가구를 넣고, 비는 공간이 없이 배치하는 데 사각형 모양이 좋다는 것은 알지만, 건물의 모양은 왜 정육면체가 아니라 직육면체일까?

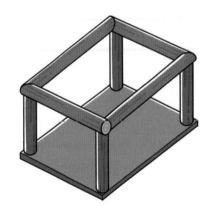

그 이유는 입체도형의 모서리의 길이를 생각한 경제성 때문이다. 옛날부터 건물을 만들 때, 기둥뿐만 아니라 지붕을 짓기 위해 기둥 위에 보*를 얹었다. 그런데 건물을 튼튼하게 지으려면 기둥으로 쓰는 나무보다 더 튼튼하고 견고한 나무를 보에 써야 한다. 나무는 세웠을 때보다 눕혔을 때 위에서 받는 압력에 더 약하기 때문이다.

그런데 정육면체로 건물을 지으려면 보의 길이 4개가 모두 같아야 한다. 즉, 가장 짧은 나무의 길이에 맞추어 다른 나무를 모두 잘라야 하는 것이다. 반면, 직육면체로 보를 만든다면, 가장 짧은 나무의 길이에 맞추어 나무 하나를 자르고, 두 번째로 긴 나무에 맞추어 가장 긴 나무를 잘라서 버려지는 나무의 양을 줄일 수 있다.

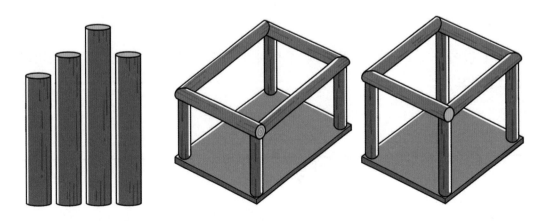

＊보: 지붕과 기둥을 연결하는 위치에 놓인 구조

1 이 글에서 건물의 모양이 결정되는 이유는? (   )

① 심미성   ② 경제성   ③ 창의성
④ 독창성   ⑤ 조화성

2 건물의 보가 견고하고 튼튼해야 하는 이유로 알맞은 것은? (   )

① 직육면체의 모든 모서리는 중요하기 때문에
② 지붕이 가볍기 때문에
③ 나무는 눕히면 옆으로 자라나기 때문에
④ 나무는 세웠을 때보다 눕혔을 때 위에서 받는 압력에 약하기 때문에
⑤ 나무는 눕혔을 때 예쁘기 때문에

3 건물 대부분의 모양에 해당하는 것에 ○표 해 보세요.

> 직육면체   정육면체

4 건물의 보는 직육면체의 구성 요소에서 어느 부분에 해당하는지 알맞은 기호를 써 보세요.

> ㉠ 면   ㉡ 모서리   ㉢ 꼭짓점

(   )

5 건물의 보를 만들려고 합니다. 정육면체 모양의 건물을 만들 때와 직육면체 모양의 건물을 만들 때 잘려 나가는 나무의 길이를 각각 구해 보세요.

4 m

6 m

5 m

3 m

직육면체 보 (   )

정육면체 보 (   )

17
직육면체

- 직육면체에서 색칠한 두 면처럼 계속 늘여도 만나지 않는 두 면을 서로 평행하다고 합니다. 서로 평행한 두 면을 직육면체의 밑면이라고 합니다.
  직육면체에서 밑면과 수직인 면을 직육면체의 옆면이라고 합니다.

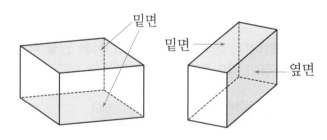

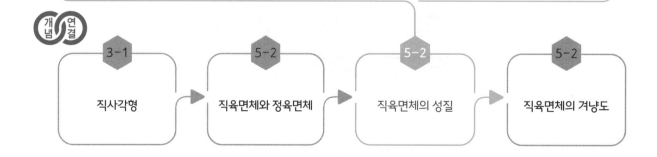

3-1	5-2	5-2	5-2
직사각형	직육면체와 정육면체	직육면체의 성질	직육면체의 겨냥도

step 2 설명하기

질문 ❶ 그림을 보고 직육면체의 밑면은 모두 세 쌍임을 설명해 보세요.

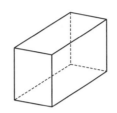

설명하기 직육면체의 밑면은 서로 평행하므로 직육면체에는 밑면이 그림과 같이 세 쌍 있습니다.

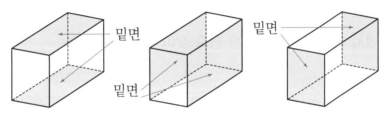

질문 ❷ 직육면체를 보고 다음 면을 모두 찾아보세요.

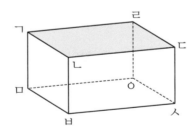

(1) 면 ㄱㄴㄷㄹ과 평행한 면   (2) 면 ㄱㄴㄷㄹ과 수직인 면

설명하기 (1) 면 ㅁㅂㅅㅇ
(2) 면 ㄱㅁㅇㄹ, 면 ㄱㅁㅂㄴ, 면 ㄴㅂㅅㄷ, 면 ㄹㅇㅅㄷ

1 직육면체에서 색칠한 면과 수직인 면은 몇 개인지 써 보세요.

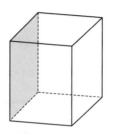

(   )

2 직육면체에서 색칠한 면과 평행한 면을 찾아 색칠해 보세요.

(1) 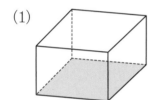   (2)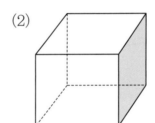

3 직육면체에서 색칠한 면과 평행한 면을 찾아 써 보세요.

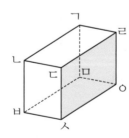

(   )

4 직육면체에서 색칠한 면이 밑면일 때 옆면을 모두 찾아 써 보세요.

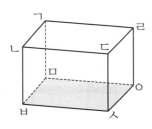

5 꼭짓점 ㄱ과 만나는 면을 모두 찾아 써 보세요.

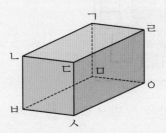

6 직육면체에서 면 ㄱㄴㄷㄹ과 평행한 면의 모서리의 길이의 합을 구해 보세요.

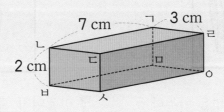

(   )

색종이로 정육면체 조립하기

준비물: 색종이 6장

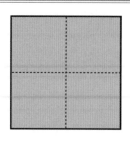

1 색종이를 가로, 세로로 각각 반 접어 십자가 모양을 만든다.

2 색깔 있는 면이 바닥을 향하게 놓은 다음, 양옆을 창문 접기로 접는다.

3 가로로 반을 접는다.

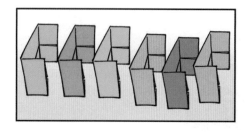

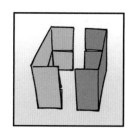

4 나머지 5장의 색종이도 같은 방법으로 접는다.

5 ㄷ자 모양 안쪽이 서로 마주 보도록 놓아 면 2개를 만든다.

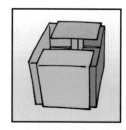

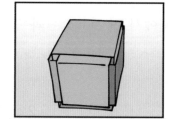

6 다른 종이 2장으로 옆면을 만든다.

7 만들어진 틈에 밑면 2개를 끼우면 정육면체 완성.

1 정육면체를 만드는 데 면이 모두 몇 개 필요한가요?

(   )

2 정육면체를 만들기 위해서 평행한 면을 모두 몇 쌍 만들었나요?

(   )

3 정육면체 조립 순서대로 기호를 써 보세요.

> ㉠ 밑면 **2**개를 끼워 조립한다.
> ㉡ 옆면 **4**개 중 **2**개를 먼저 만든다.
> ㉢ 남은 옆면 **2**개로 ㄷ자 부분의 끝을 덮어 준다.

(   )

4 노란색 면과 수직인 면은 모두 몇 개인지 써 보세요.

(   )

5 파란색 점에 모이는 면은 모두 몇 개인지 써 보세요.

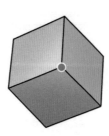

(   )

step 1 30초 개념

• 직육면체 모양을 잘 알 수 있도록 나타낸 그림을 직육면체의 겨냥도라고 합니다.
겨냥도에서 보이는 모서리는 실선으로, 보이지 않는 모서리는 점선으로 그립니다.

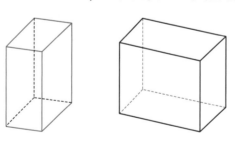

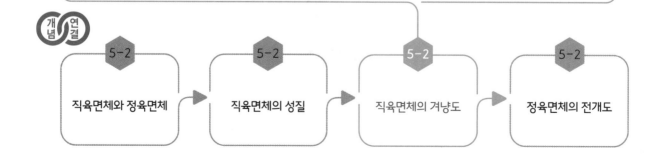

개념연결

5-2
직육면체와 정육면체

5-2
직육면체의 성질

5-2
직육면체의 겨냥도

5-2
정육면체의 전개도

step 2 설명하기

질문 ❶ 직육면체를 여러 방향에서 관찰했을 때 보이는 직육면체의 면의 개수를 세어 빈칸에 알맞은 기호를 써넣으세요.

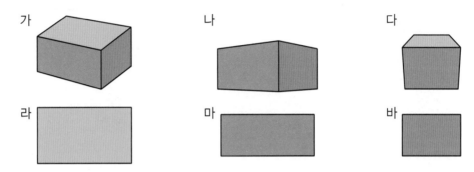

보이는 면의 수	1개	2개	3개
기호			

설명하기

보이는 면의 수	1개	2개	3개
기호	라, 마, 바	나, 다	가

질문 ❷ 그림에서 빠진 부분을 그려 넣어 직육면체의 겨냥도를 완성해 보세요.

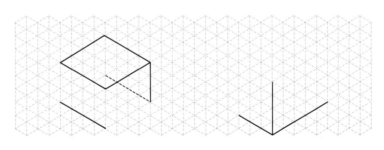

설명하기

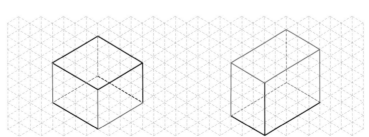

1 직육면체에서 보이는 면이 가장 많은 것을 찾아 기호를 써 보세요.

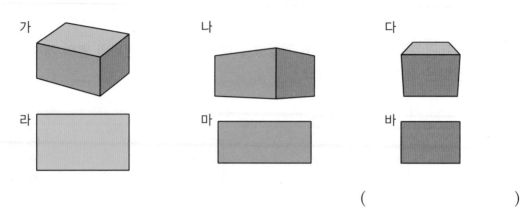

가   나   다

라   마   바

(   )

2 직육면체의 겨냥도를 바르게 그린 것을 찾아 기호를 써 보세요.

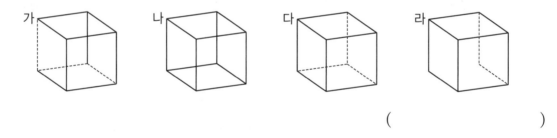

가   나   다   라

(   )

3 직육면체에서 보이지 않는 면과 보이지 않는 모서리 수의 합을 구해 보세요.

(   )

4 직육면체의 겨냥도를 완성해 보세요.

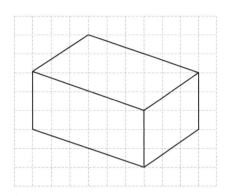

5 직육면체에서 보이지 않는 면의 넓이의 합은 몇 cm²인가요?

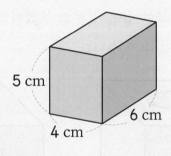

5 cm

4 cm   6 cm

(   )

6 그림에서 빠진 부분을 그려 넣어 직육면체의 겨냥도를 완성해 보세요.

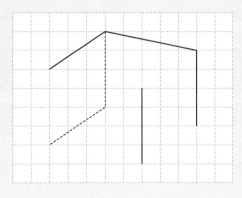

겨냥도의 중요성

작은 화장품 통이나 휴지 심, 큰 선박이나 비행기를 만들 때도 겨냥도는 매우 중요합니다. 겨냥도는 입체도형의 보이지 않는 곳의 모양까지도 잘 알 수 있도록 나타낸 그림이기 때문입니다. 보이는 모서리는 실선으로, 보이지 않는 모서리는 점선으로 그려 전체적인 모양과 보이지 않는 부분의 모양을 알 수 있게 하지요.

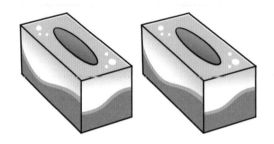

여러분이 화장품 회사의 사장이라면 위 두 화장품 통 중 어느 것을 고르겠습니까? 같은 모양이 아니냐고요? 자, 그럼 아래에 겨냥도로 그려진 두 도형을 살펴봅시다. 화장품을 담을 수 있는 양이 같아 보이나요? 겉으로는 같은 것처럼 보였지만, 안 보이는 부분이 점선으로 그려진 겨냥도를 보면 둘의 차이를 알 수 있습니다.

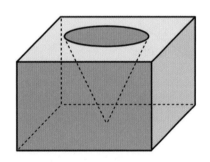 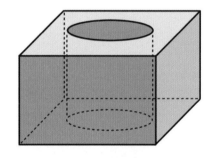

화장품을 많이 넣어 팔고 싶으면 오른쪽 통을, 적게 넣어 팔고 싶으면 왼쪽 통을 선택할 수 있겠지요. 겉모습만 보고 고르면 어떤 것이 유리한지 전혀 알 수 없습니다.

이렇게 겨냥도에서는 다른 도형이 붙어 있거나, 파여 있거나, 보이지 않는 부분의 모양이 다른 것까지도 살펴볼 수 있어요. 따라서 겨냥도는 물건을 만들고 판매할 때 아주 중요한 역할을 한답니다.

1 겨냥도에서 점선을 그려야 하는 이유로 알맞은 것은? (   )

① 점선이 없으면 그림이 밋밋해서
② 실선과 대비되는 점선이 있어야 예쁘기 때문에
③ 보이지 않는 부분도 정확하게 표현하기 위해서
④ 점선으로만 모두 그릴 수 없어서
⑤ 실선이 그리기 더 어려워서

[2~3] 그림을 보고 물음에 답하세요.

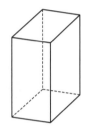 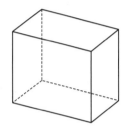

2 두 직육면체의 겨냥도에서 보이는 면은 모두 몇 개인가요?

(   )

3 두 직육면체의 겨냥도에서 점선으로 그려진 모서리는 모두 몇 개인가요?

(   )

4 둘 중 들이가 더 큰 도형을 찾아 기호를 써 보세요.

가

나

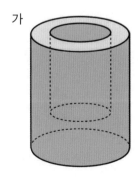 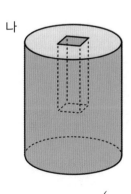

(   )

19

직육면체

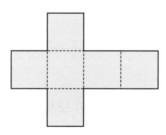

너희 전개도가 정육면체가 될 수 없는 이유를 알고 있나?

네! 저는 전개도에 직사각형이 한 개 들어 있습니다.

저는 접었을 때 겹치는 면이 있습니다.

저는 면이 7개입니다.

정육면체가 될 수 없는 이유가 다양하구나.

step 1 · 30초 개념

• 정육면체의 모서리를 잘라서 펼쳐 놓은 그림을 정육면체의 전개도라고 합니다.
  정육면체의 전개도에서 잘린 모서리는 실선으로, 잘리지 않는 모서리는 점선으로 표시합니다.

개념
연결

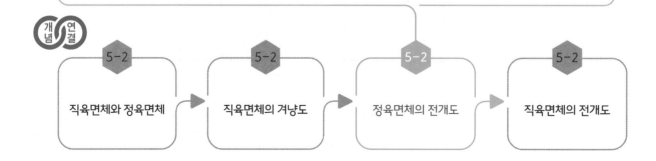

5-2
직육면체와 정육면체

5-2
직육면체의 겨냥도

5-2
정육면체의 전개도

5-2
직육면체의 전개도

step 2 설명하기

질문 ❶ 전개도를 접어서 정육면체를 만들었습니다. 다음 점, 선, 면을 각각 찾아보세요.

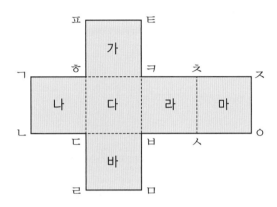

(1) 점 ㄱ과 만나는 점   (2) 선분 ㄱㄴ과 겹치는 선분
(3) 면 가와 평행한 면   (4) 면 다와 수직인 면

설명하기 ▷ (1) 점 ㅍ, 점 ㅈ
(2) 선분 ㅈㅇ
(3) 면 바
(4) 면 가, 면 나, 면 라, 면 바

질문 ❷ 전개도를 접었을 때 정육면체가 만들어지는지 설명해 보세요.

(1)
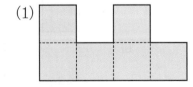

(2)
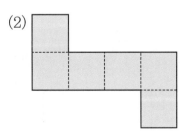

설명하기 ▷ (1)은 접었을 때 서로 겹쳐지는 부분이 있습니다.
(2)는 정육면체의 전개도입니다.

1 정육면체의 전개도입니다. 면 가와 평행한 면을 찾아 색칠해 보세요.

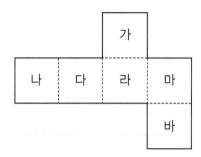

2 정육면체의 전개도입니다. 면 나에 수직인 면을 모두 찾아 색칠해 보세요.

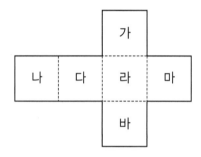

3 정육면체의 전개도를 <u>잘못</u> 그린 것을 모두 찾아 기호를 써 보세요.

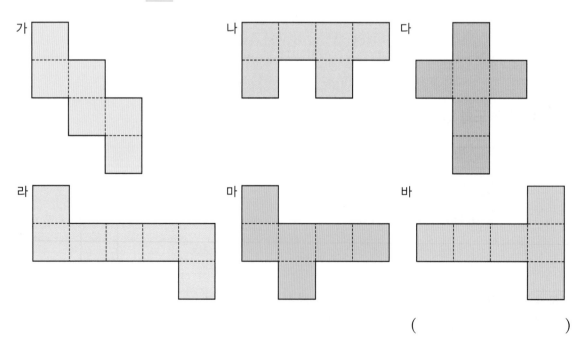

(   )

4 정육면체의 모서리를 잘라서 전개도를 만들었습니다. ☐ 안에 알맞은 기호를 써넣으세요.

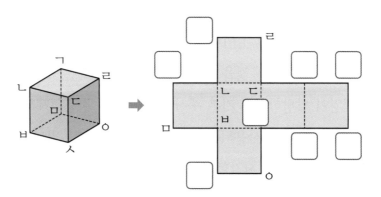

step 4 도전 문제

5 전개도를 접어 정육면체 주사위를 만들려고 합니다. 마주 보는 두 면의 눈의 수의 합이 7일 때 전개도의 빈 곳에 주사위의 눈을 알맞게 그려 보세요.

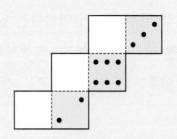

6 정육면체의 전개도를 완성해 보세요.

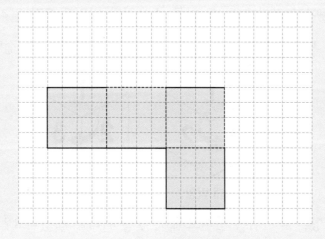

정육면체의 전개도 만들기

"주사위는 던져졌다!" 율리우스 카이사르가 기원전 49년 군대를 이끌고 루비콘강을 건너 이탈리아 북부로 진격하면서 했던 말이라고 알려진 문장입니다. 이를 통해 우리는 주사위가 아주 오래전부터 사용된 도구라는 것을 알 수 있지요. 예전에는 주사위 모양이 모두 정육면체는 아니었지만, 게임이 발달하면서 기본 주사위의 모습은 정육면체로 통일되었어요.

주사위가 게임을 하는 데 많이 사용되는 이유는 공평하기 때문입니다. 이 공평하다는 특징은 바로 주사위의 면의 모양이 정사각형이라는 데서 나온 것이지요. 그렇다면 정삼각형으로 주사위를 만든다면 어떤 모양이 될까요?

정사면체   정팔면체   정이십면체

면의 수가 4개, 8개, 20개인 주사위가 만들어질 것입니다. 이 주사위들은 공평할 수 있지만 위에 보이는 눈을 어떤 것으로 할지 정하기 어렵다는 단점이 있어요. 또 면이 너무 많아지면 공처럼 잘 굴러가므로 놀이를 하기에 적당하지 않겠지요. 정육면체는 밑면이 땅과 평행해서 눈의 수를 보기 쉽고, 면을 이루는 정사각형의 모든 각이 직각이기 때문에 만들기 편리하다는 장점을 가지고 있답니다.

주사위는 마주 보는 면의 눈을 더했을 때 7이 나온다는 비밀을 가지고 있어요. 이것을 주사위의 7점 원리라고 합니다. 1이 마주 보는 눈은 6, 2가 마주 보는 눈은 5, 3이 마주 보는 눈은 4가 되도록 만들어진 것이에요. 또 다른 주사위의 비밀은 7점 원리로 만들어진 주사위는 시계 방향 주사위와 반시계 방향 주사위 2가지로 분류할 수 있다는 점입니다.

시계 방향   반시계 방향

여러분이 가지고 있는 주사위를 살펴보세요. 7점 원리를 찾았나요? 여러분이 가진 주사위는 어떤 종류의 주사위인가요?

1 주사위에 대해 알맞지 <u>않은</u> 설명은? (　　　　)

① 주사위는 마주 보는 면의 눈을 더했을 때 **7**이 된다.

② 시계 방향 주사위는 **I－2－3**의 숫자가 시계 방향으로 적혀 있다.

③ **7**점 원리를 지킨 주사위는 시계 방향 주사위뿐이다.

④ 주사위가 정육면체인 이유는 공평하기 때문이다.

⑤ 주사위가 정육면체이면 밑면과 땅이 평행해서 눈의 수를 보기 쉽다.

2 색칠한 부분과 합해서 **7**이 되는 곳에 색칠해 보세요.

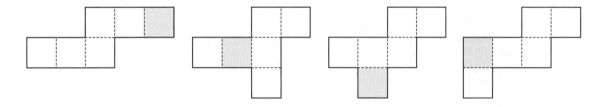

3 7점 원리를 활용하여 시계 방향 주사위에 I부터 6까지의 수를 써 보세요.

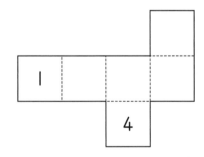

4 시계 방향 주사위를 펼쳐 전개도를 만들었습니다. 숫자 2와 3을 방향을 맞추어 전개도에 써 보세요.

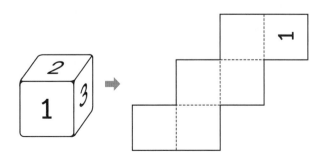

20 직육면체의 전개도
직육면체

step 1 30초 개념

- 직육면체의 모서리를 잘라서 펼쳐 놓은 그림을 직육면체의 전개도라고 합니다.
  직육면체의 전개도에서 잘린 모서리는 실선으로, 잘리지 않는 모서리는 점선으로 표시합니다.

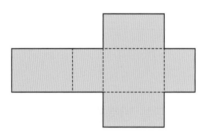

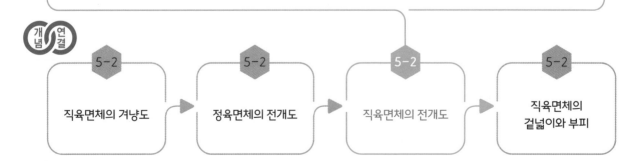

5-2	5-2	5-2	5-2
직육면체의 겨냥도	정육면체의 전개도	직육면체의 전개도	직육면체의 겉넓이와 부피

step 2 설명하기

질문 ❶ 직육면체의 전개도를 보고 물음에 답하세요.

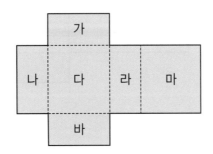

(1) 면 마와 평행한 면을 찾아 기호를 써 보세요.
(2) 면 나와 수직인 면을 찾아 기호를 써 보세요.

설명하기 〉 (1) 면 다
(2) 면 가, 면 다, 면 마, 면 바

질문 ❷ 직육면체를 보고 전개도를 그려 보세요.

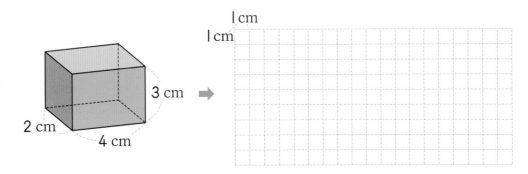

설명하기 〉

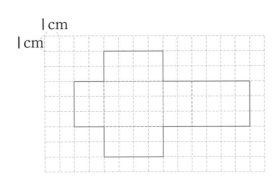

1 직육면체의 전개도를 접었을 때 색칠한 면과 수직으로 만나는 면을 찾아 ○표 해 보세요.

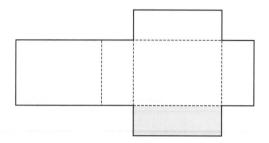

2 직육면체를 보고 알맞은 곳에 점선을 그어 전개도를 완성해 보세요.

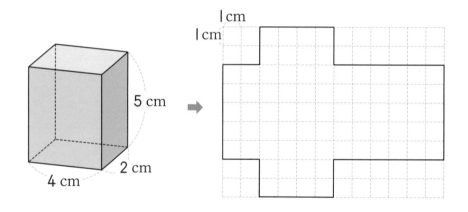

3 직육면체의 전개도를 <u>잘못</u> 그린 것을 찾아 기호를 써 보세요.

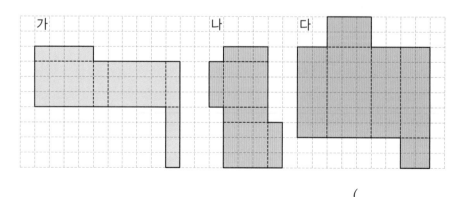

( )

4 직육면체를 보고 전개도를 완성해 보세요.

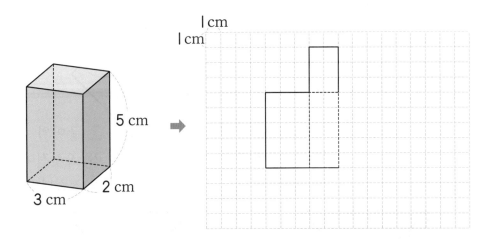

5 택배 상자에 그림과 같이 초록색 테이프를 붙였습니다. 전개도에 색 테이프를 붙인 자리를 그려 보세요.

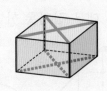 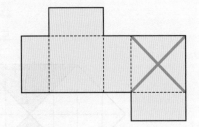

6 직육면체를 보고 전개도를 그려 보세요.

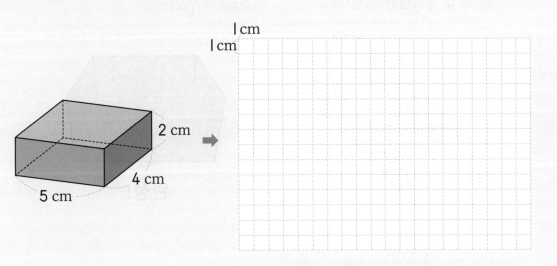

종이 상자 만들기

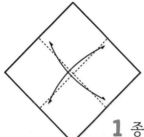

1 종이의 가로와 세로를 겹쳐 반으로 접습니다.

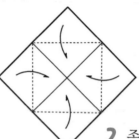

2 종이의 가운데에 각 꼭짓점이 모이도록 접습니다.

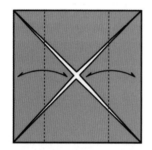

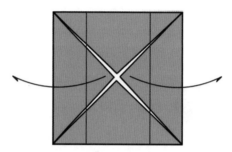

3 왼쪽과 오른쪽 변이 가운데에서 만나도록 대문 접기를 한 후 펼칩니다.

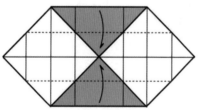

4 양옆 삼각형을 펼칩니다.

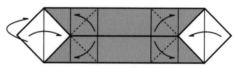

5 위아래 변이 가운데에서 만나도록 접습니다.

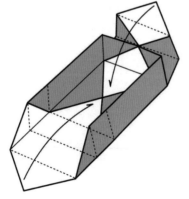

6 삼각형으로 접힌 부분을 밖으로 열어 젖힌 후 상자 모양으로 감싸 줍니다.

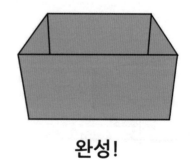

완성!

1 이 글에서 만든 종이 상자에 뚜껑을 붙였을 때 만들어지는 입체도형은? (   )

①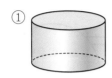
②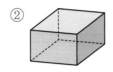
③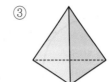

④
⑤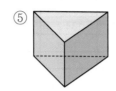

[2~3] 종이 상자를 펼친 색종이입니다. 그림을 보고 물음에 답하세요.

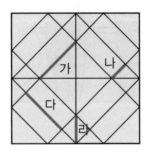

2 종이 상자의 옆면에 해당하는 4곳을 찾아 ○표 해 보세요.

3 종이 상자의 뚜껑을 테이프로 이어 붙이려고 합니다. 어느 선에 맞추어 붙여야 하는지 기호를 써 보세요.

(   )

4 뚜껑이 없는 상자의 전개도로 알맞은 것을 찾아 기호를 써 보세요.

ㄱ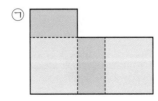
ㄴ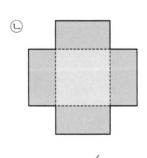

(   )

21

평균과 가능성

	남학생	여학생
1학년	123.7	122.4
2학년	129.1	127.8
3학년	134.2	133.5
4학년	139.4	139.9
5학년	145.3	146.7
6학년	151.8	152.7

step 1 **30초 개념**

• 전체 자료의 값을 모두 더해 자료의 개수로 나눈 수는 전체를 대표하는 값으로 정할 수 있습니다. 자료의 값을 고르게 맞추어 나타낸 수를 평균이라고 합니다.

모임

4   6   5   5

4, 6, 5, 5를 고르게 하면 5, 5, 5, 5가 되므로 모임의 수를 5로 정할 수 있습니다.
이 수 5가 4, 6, 5, 5 모임의 평균입니다.

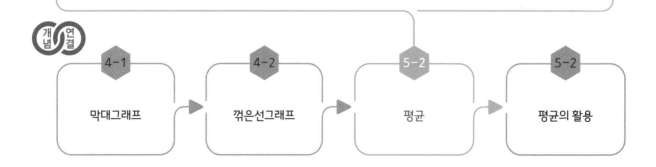

개념연결

4-1	4-2	5-2	5-2
막대그래프	꺾은선그래프	평균	평균의 활용

step 2 설명하기

질문 ❶ 　고리를 옮겨 고리의 개수의 평균을 구해 보세요.

설명하기 ▷ 왼쪽의 고리 중 2개를 가운데로 옮기면 세 기둥의 높이가 같아집니다.
그러므로 고리의 개수의 평균은 4라고 할 수 있습니다.

질문 ❷ 　자료의 평균을 구해 보세요.

$$9 \quad 6 \quad 7 \quad 10$$

설명하기 ▷ 평균은 전체 자료의 값을 모두 더해 자료의 개수로 나눈 수입니다.
네 수의 합을 구하면
$$9+6+7+10=32$$
이 합을 개수 4로 나누면
$$32 \div 4 = 8$$
그러므로 네 수 9, 6, 7, 10의 평균은 8입니다.

1 자료의 평균을 구해 보세요.

| 10 | 14 | 35 | 17 | 4 |

(   )

2 주어진 수들의 평균을 구하고 ◯ 안에 >, =, <를 알맞게 써넣으세요.

| 11 18 16 | ◯ | 19 4 16 9 17 |

3 지난주 낮 기온의 평균을 구하는 식입니다. ☐ 안에 알맞은 수를 써넣으세요.

요일	월	화	수	목	금	토	일
기온($^\circ$c)	18	16	14	15	12	13	17

$$(18+16+14+15+12+13+17) \div \boxed{} = \boxed{}$$

4 가을이와 겨울이 중 누구의 점수가 더 좋은지 바르게 설명한 사람의 이름을 써 보세요.

가을

나는 수학 60점, 국어 70점, 과학 50점으로 총합이 180점이고, 겨울이 넌 수학 80점, 국어 90점으로 총합이 170점이니까 내 점수가 더 좋아.

가을이 넌 과목별 평균 점수가 60점이고, 내 과목별 평균 점수는 85점이니까 내 점수가 더 좋아.

겨울

(   )

5 평균이 20보다 작은 것에 ◯표 해 보세요.

| 19 20 22 21 20 4 21 |

(   )

| 19 18 18 25 20 |

(   )

step 4 도전 문제

6 2월부터 6월까지 월별 문화센터 이용자의 평균을 구하려고 합니다. 알맞은 식을 찾아 기호를 써 보세요.

월	2월	3월	4월	5월	6월
이용자 수(명)	82	104	98	86	90

㉠ (82＋104＋98＋86＋90)÷(2＋3＋4＋5＋6)
㉡ (82＋104＋98＋86＋90)÷6
㉢ (82＋104＋98＋86＋90)÷5

(   )

7 5일 동안 읽은 책의 평균이 10권일 때, 평균에 대해 <u>잘못</u> 설명한 사람의 이름에 ◯표 해 보세요.

봄

10권보다 적게 읽은 날은 없어.

5일 동안 50권의 책을 읽었어.

여름

겨울

10권보다 많이 읽은 날이 있다면, 10권보다 적게 읽은 날도 있겠구나.

여러 가지 대푯값

현대 사회에서 복잡하게 발생하는 여러 수치와 데이터를 정리하고 이용하기 위해서는 대푯값이 필요하다. 대푯값을 알면 어떤 단체나 집단의 자료의 특징을 쉽게 파악할 수 있다. 대푯값에는 평균, 최빈값, 중앙값 등이 있다. 각각의 대푯값을 어떤 경우에 사용하는 것이 좋은지 알아보자.

먼저 평균은 어떤 집단이 가진 속성의 전반적인 특징을 파악하는 데 유용하다. 뉴스나 보도 자료에서 쉽게 볼 수 있는 대푯값이 평균이다. 사회 시간에 배우는 출산율, 1인당 국민 소득, 자동차 연비* 등을 나타낼 때도 평균을 사용한다.

하지만 이러한 평균으로 신발을 만든다고 생각해 보자. 간격이 mm인 자로 사람들의 발 크기를 재었더니 220, 220, 220, 230, 235, 235, 240이었다. 평균을 생각하면 228.5 mm 정도의 신발을 7개 만들어야 하지만, 이렇게 만들면 신발을 누군가는 작게, 누군가는 크게 신어야 한다. 이럴 때는 빈도수가 가장 높은 220 mm 신발을 먼저 만들고, 그 다음 235 mm 신발을 만드는 등 최빈값에 따라서 신발을 만들어야 한다. 또 최빈값은 수량으로 나타낼 수 없는 자료에 사용되기도 한다. 누구를 뽑을지, 어디를 갈지 정하는 다수결도 최빈값의 한 부분이라고 할 수 있다.

중앙값은 극단적인 수치가 있을 때 유용하다. 기업의 연봉*을 대표하는 값을 구하는 상황에서 너무 높은 임금을 받거나, 너무 낮은 임금*을 받는 몇몇의 사람이 있을 때, 함께 평균을 구해 대푯값으로 정한다면 어떨까? 그 기업의 연봉을 대표하는 값이 될 수 없을 것이다. 이때 자료를 크기에 따라 나열한 후 중앙에 있는 값을 뽑는 중앙값을 사용하여 집단의 특성을 대표하는 수로 나타낸다.

＊**연비**: 자동차가 일정한 거리 또는 일정한 시간당 소비하는 연료의 양
＊**연봉**: 1년 동안에 받는 급여
＊**임금**: 일한 대가로 받는 돈

1 대푯값에 해당하는 것을 모두 고르세요. (   )

① 비싼 값   ② 중앙값   ③ 평균
④ 최빈값   ⑤ 어림값

2 다음의 상황에 어울리는 대푯값에 ○표 해 보세요.

> 수학여행 가고 싶은 곳을 정할 때

| 평균 | 중앙값 | 최빈값 |

(   )   (   )   (   )

3 우리 반 학생 9명의 용돈을 조사했습니다. 용돈을 보통 얼마씩 받는지 구해 보세요.

> 2만 원   1만 원   4만 원   4만 원   8만 원
> 4만 원   3만 원   4만 원   6만 원

(   )

4 우리 반 학생 10명의 몸무게를 조사했습니다. 몸무게가 보통 몇 kg인지 평균을 구해 보세요.

> 43 kg   45 kg   48 kg   41 kg   43 kg
> 47 kg   41 kg   40 kg   45 kg   47 kg

(   )

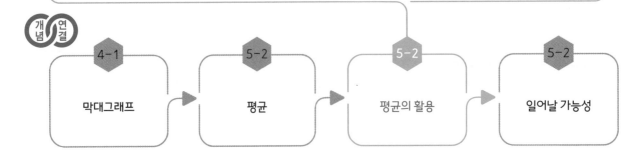

22 평균과 가능성

평균의 활용

step 1 30초 개념

- 평균을 활용하면 여러 가지를 알 수 있습니다.
  - 매일의 최고 기온을 모두 더해 7로 나누면 일주일의 최고 기온의 평균을 알 수 있습니다.
  - 매월의 휴대폰 요금을 모두 더해 개월 수로 나누면 매달의 평균 핸드폰 요금을 알 수 있습니다.
  - 농구팀이 매 경기에서 얻은 점수를 모두 더해 경기 수로 나누면 한 경기당 평균 득점을 알 수 있습니다.
  - 모둠의 인원이 다른 경우에 평균을 비교하면 독서를 가장 많이 한 모둠을 찾을 수 있습니다.

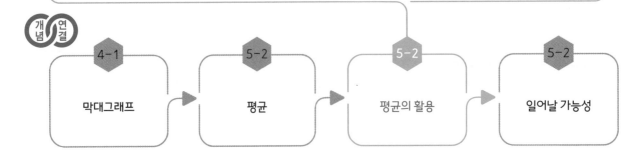

4-1	5-2	5-2	5-2
막대그래프	평균	평균의 활용	일어날 가능성

step 2 설명하기

질문 ❶ 우리 반에서 도서 대출을 가장 많이 한 모둠을 찾고, 그 과정을 설명해 보세요.

모둠 친구 수와 대출한 도서의 수

	모둠 I	모둠 2	모둠 3	모둠 4	모둠 5	모둠 6
모둠 친구 수(명)	4	4	4	5	5	5
대출한 도서의 수(권)	24	44	28	25	50	45

설명하기 > 각 모둠별 수가 다르므로 평균을 구합니다.

대출한 도서 수의 평균

	모둠 I	모둠 2	모둠 3	모둠 4	모둠 5	모둠 6
대출한 도서의 수(권)	6	I I	7	5	I 0	9

도서 대출을 가장 많이 한 모둠은 평균이 가장 큰 2모둠입니다.

질문 ❷ 5일 동안 섭취한 열량의 평균이 2000 kcal일 때, 금요일에 섭취한 열량을 구해 보세요.

요일	월	화	수	목	금
열량(kcal)	1950	1900	2100	2150	

설명하기 > 섭취한 열량의 평균이 2000 kcal이므로 5일 동안 섭취한 열량의 합계는
$$2000 \times 5 = 10000(kcal)$$
입니다. 따라서 금요일에 섭취한 열량은
$$10000 - (1950 + 1900 + 2100 + 2150) = 1900(kcal)$$입니다.

1 봄이는 1년 동안 매달 평균 20권의 책을 읽었습니다. 봄이가 1년 동안 읽은 책은 모두 몇 권인가요?

(   )

2 가을이와 여름이가 월요일부터 금요일까지 읽은 책의 권수를 기록한 그래프를 보고 물음에 답하세요.

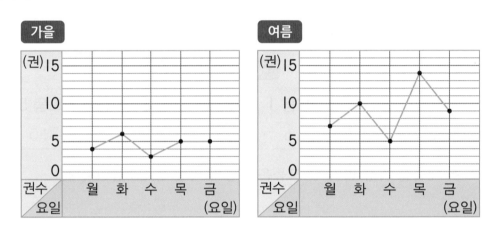

(1) 평균적으로 책을 더 많이 읽은 사람은 누구인가요?

(   )

(2) 책을 더 고르게 읽은 사람은 누구인가요?

(   )

3 겨울이는 일주일 동안 평균 30회의 줄넘기를 했습니다. 금요일에는 줄넘기를 몇 회 했는지 구해 보세요.

요일	월	화	수	목	금	토	일
줄넘기 횟수 (회)	25	30	37	40		22	45

(   )

4 날씨 예보 기사문을 읽고, <u>잘못</u> 설명한 사람은 누구인가요?

비아 어린이 신문

제000호

이번 주는 수요일에 가볍게 비가 오고 다른 날은 맑을 예정입니다. 수요일에는 최고 기온이 20도, 최저 기온이 8도로 기온이 다소 낮을 예정이오니 따뜻한 옷을 준비해 주세요. 이번 주 낮 최고 기온은 평균 22도, 최저 기온은 평균 12도가 되겠습니다. 일교차가 클 예정이니 겉옷을 챙겨 다니면 좋겠습니다. 이상 이번 주 날씨였습니다.

봄

이번 주 낮 최고 기온의 평균이 22도니까, 22도보다 기온이 높은 날은 없겠네!

수요일 최저 기온이 8도니까 최저 기온이 12도보다 높은 날이 있겠구나!

겨울

(   )

5 양궁 대회에서 미국 선수가 일본 선수를 이기려면 3회에서 몇 점 이상을 기록해야 하는지 구해 보세요. (단, 점수는 자연수입니다.)

	1회	2회	3회
일본	8점	6점	10점
미국	7점	8점	

(   )

우리나라 도시별 강수량

여름에 찾아오는 장마와 태풍을 보면, 우리나라가 여름에 강수량이 많은 나라인 것은 분명해 보인다. 그렇다면 도시별 강수량에는 어떤 특징이 있을까? 도시별 강수량의 그래프를 보며 특징을 분석해 보자.

각 그래프는 각 도시의 월별 강수량을 나타낸다. 우리나라의 연평균 강수량은 1300 mm로 세계 평균보다 많은 편이다. 세계 평균 연간 강수량은 약 1000 mm이다. 우리나라에 매달 평균 100 mm 정도의 비가 온다는 것인데, 도시별 그래프의 100 mm 지점에 선을 그어 보면, 중강진은 평균점에 못 미치는 달이 많다는 것을 알 수 있다. 반면, 서울은 7, 8월만 해도 평균 수치를 월등히 넘긴다. 여름에 집중적으로 비가 많이 온다는 뜻이다. 울릉도는 매달 평균에 가깝게 비나 눈이 오고, 서귀포는 여름에 집중적으로 비가 많이 오긴 하지만 대부분의 달에 100 mm 가깝거나 그보다 많은 비나 눈이 온다는 것을 알 수 있다.

이렇게 그래프를 평균을 이용해서 분석해 보면 도시별 강수량의 특징을 파악할 수 있다.

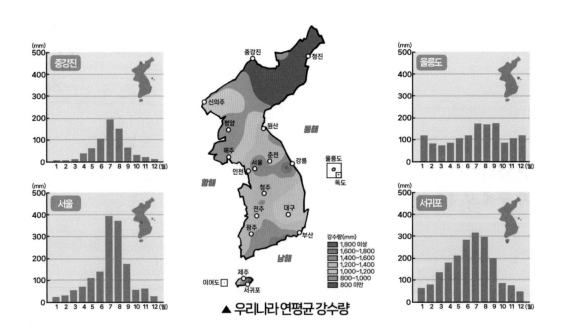

▲ 우리나라 연평균 강수량

1 이 글의 내용으로 틀린 것은? (   )

① 우리나라의 연평균 강수량은 1300 mm로, 다른 나라보다 많은 편이다.

② 우리나라의 월평균 강수량은 약 100 mm이다.

③ 중강진보다 서귀포의 월평균 강수량이 많다.

④ 서울은 겨울에 강수량이 많다.

⑤ 세계 연평균 강수량은 약 1000 mm이다.

2 중강진의 월별 강수량 그래프를 맞게 설명한 것은? (   )

① 중강진은 우리나라에서 비나 눈이 많이 오는 지역이라고 할 수 있다.

② 중강진에는 비나 눈이 매달 고르게 온다.

③ 중강진의 강수량 그래프를 보면 중강진의 기온이 높다는 것을 알 수 있다.

④ 중강진에 겨울에 오는 눈의 양은 여름에 오는 비의 양보다 더 많다고 할 수 있다.

⑤ 중강진의 강수량은 우리나라 연평균 강수량보다 적다.

3 평균 강수량이 더 많은 곳에 ○표 해 보세요.

| 서귀포 | 중강진 |

4 월별 강수량이 평균과 더 많이 차이 나는 곳에 ○표 해 보세요.

| 서울 | 울릉도 |

5 다음 그래프는 대구 지역의 월별 강수량입니다. 월별 강수량의 평균을 구해 보세요.

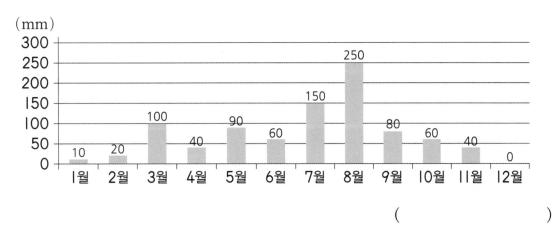

(   )

23 평균과 가능성

→ 일어날 가능성

step 1 **30초 개념**

- 1월 1일 다음 날이 1월 2일일 가능성은 확실합니다. 이처럼 가능성은 어떠한 상황에서 특정한 일이 일어나길 기대할 수 있는 정도를 말합니다.
 가능성의 정도는 불가능하다, ~아닐 것 같다, 반반이다, ~일 것 같다, 확실하다 등으로 표현할 수 있습니다.

불가능하다　　~아닐 것 같다　　반반이다　　　~일 것 같다　　　확실하다

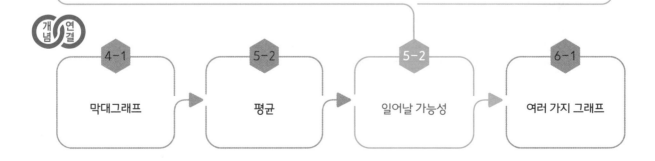

개념연결

4-1	5-2	5-2	6-1
막대그래프	평균	일어날 가능성	여러 가지 그래프

step 2 설명하기

질문 ❶ 일어날 가능성을 생각하여 알맞은 곳에 ○표 해 보세요.

	불가능 하다	~아닐 것 같다	반반 이다	~일 것 같다	확실 하다
(1) 동전을 던지면 숫자 면이 나올 것입니다.					
(2) 주사위를 굴리면 주사위 눈의 수가 1 이상 5 이하로 나올 것 입니다.					
(3) 빨간색 구슬만 5개가 들어 있는 주머니에서 꺼낸 구슬은 파란색 일 것입니다.					
(4) 동전을 세 번 던지면 세 번 모두 그림 면이 나올 것입니다.					
(5) 노란색 구슬만 1개가 들어 있는 주머니에서 꺼낸 구슬은 노란색 일 것입니다.					

설명하기 (1) 반반이다.　　　(2) 그럴 것 같다.　　　(3) 불가능하다.
　　　　　　 (4) 아닐 것 같다.　　(5) 확실하다.

질문 ❷ 1부터 6까지의 눈이 그려진 주사위를 한 번 던질 때 다음 주사위 눈의 수가 나올 가능성을 수로 표현해 보세요.

(1) 1 이상인 수　　　　　　　　　(2) 짝수
(3) 홀수　　　　　　　　　　　　 (4) 7 이상인 수

설명하기 (1) 1　　　　　　　　　　　(2) $\dfrac{1}{2}$

　　　　　　 (3) $\dfrac{1}{2}$　　　　　　　　　 (4) 0

1 다음 일이 일어날 가능성을 찾아 선으로 이어 보세요.

주사위를 한 번 굴렸을 때 1 이상의 수가 나올 가능성 •		• 불가능하다
주사위를 굴렸을 때 짝수가 나올 가능성 •		• ~아닐 것 같다
주사위를 한 번 굴렸을 때 5 이상의 수가 나올 가능성 •		• 반반이다
주사위를 한 번 굴렸을 때 2 이상의 수가 나올 가능성 •		• ~일 것 같다
주사위를 굴렸을 때 나온 눈의 수가 10일 가능성 •		• 확실하다

2 회전판을 100번 돌렸을 때 나온 횟수를 나타낸 표입니다. 가장 비슷한 것끼리 연결해 보세요.

 •

• | 색깔 | 빨강 | 노랑 | 파랑 |
|---|---|---|---|
| 횟수 (회) | 0 | 100 | 0 |

 •

• | 색깔 | 빨강 | 노랑 | 파랑 |
|---|---|---|---|
| 횟수 (회) | 33 | 35 | 32 |

 •

• | 색깔 | 빨강 | 노랑 | 파랑 |
|---|---|---|---|
| 횟수 (회) | 24 | 25 | 51 |

3 일이 일어날 가능성을 수로 표현하려고 합니다. 알맞은 수를 써넣으세요.

화살이 파란색이나 빨간색에 멈출 가능성	
화살이 빨간색에 멈출 가능성	
화살이 초록색에 멈출 가능성	

step 4 도전 문제

4 제비 10개를 넣어 제비뽑기를 하려고 합니다. 당첨 제비를 뽑을 가능성을 1로 표현했을 때 몇 개의 당첨 제비와 몇 개의 꽝 제비를 넣어야 할지 빈칸에 알맞게 써넣으세요.

당첨 제비 개수	꽝 제비 개수

5 조건 에 알맞게 회전판을 나누고 색을 칠해 보세요.

> 조건
>
> 1. 빨간색을 맞힐 가능성이 가장 높습니다.
> 2. 빨간색을 맞힐 가능성을 수로 나타내면 $\frac{1}{2}$ 입니다.
> 3. 노란색과 파란색을 맞힐 가능성은 같습니다.

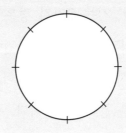

가능성과 게임

우리는 친구들과 다양한 게임을 합니다. 그런데 이때 수로 가능성을 표현할 수 있다는 것을 알고 있나요? 팀을 둘로 나눌 때 하는 '엎어라 뒤집어라' 가위바위보, 주사위 던지기, 제비뽑기 등 다양한 활동을 모두 다 가능성으로 표현할 수 있답니다. 각 게임을 원판 돌리기로 표현하면 다음과 같아요.

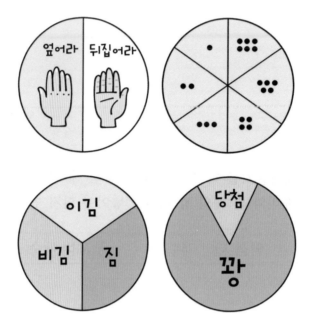

'엎어라 뒤집어라' 원판을 살펴봅시다. 한쪽은 엎어라, 한쪽은 뒤집어라가 나오니까 엎어라 혹은 뒤집어라가 나옵니다. 또 두 부분은 원을 똑같이 둘로 나눈 것 중 한 부분이므로 엎어라가 나오거나 뒤집어라가 나올 가능성은 반반입니다.

당첨과 꽝의 원판은 두 부분으로 나누어져 있으므로 당첨 혹은 꽝이 나옵니다. 하지만 '엎어라 뒤집어라' 원판과는 달리 꽝이 차지하는 부분이 더 넓으므로, 당첨보다는 꽝이 나올 가능성이 더 높겠지요.

가위바위보를 한 결과는 이김, 비김, 짐 원판을 사용하는 것과 같습니다. 가위바위보를 했을 때의 결과는 이기거나, 비기거나, 지는 3가지 경우이기 때문입니다. 이때, 공정하게 가위바위보를 하게 되면, 이기거나 비기거나 지는 세 사건이 일어날 가능성이 모두 같기 때문에 원판을 세 부분으로 똑같이 나누어서 표현할 수 있습니다.

주사위는 여섯 면의 면적이 똑같은 정육면체입니다. 주사위를 굴려서 나올 수 있는 눈은 1, 2, 3, 4, 5, 6 모두 6가지이므로, 원판을 여섯 부분으로 똑같이 나누어 표현할 수 있어요.

1 '엎어라 뒤집어라'에서 각각의 가능성을 수로 표현해 보세요.

엎어라 (　　　　　　　　)

뒤집어라 (　　　　　　　　)

2 동전을 던져서 앞면이 나올 가능성을 수직선에 ↓로 나타내어 보세요.

$$0 \qquad \frac{1}{2} \qquad 1$$

3 주사위 던지기에서 0이 나올 가능성을 수로 표현해 보세요.

(　　　　　　　　)

4 제비뽑기에서 제비 10개 중 10개 모두가 당첨 제비일 때, 당첨될 가능성을 수로 표현해 보세요.

(　　　　　　　　)

5 제비뽑기에서 당첨될 가능성을 낮추기 위한 방법으로 알맞은 것을 찾아 기호를 써 보세요.

> ㉠ 당첨 제비를 더 많이 넣는다.
> ㉡ 꽝 제비를 더 많이 넣는다.
> ㉢ 꽝 제비를 덜어 낸다.

(　　　　　　　　)